MATHEMATICS IN CHINESE

MATHÉMATIQUES EN CHINOIS

Rémi ANICOTTE
Juan DONG
Changming XU

The authors / Les auteurs :

Rémi ANICOTTE [安立明]
Ph.D. in Linguistics / Docteur en Sciences du langage

Juan DONG [董娟]
Teacher of Mathematics / Professeure de mathématiques

Changming XU [徐昌明]
Teacher of Mathematics / Professeur de mathématiques

Book cover image by / Illustration de couverture par

Chen Huajie [陈华杰]

January 2021 update of a revised and expanded version of a book initially published in 2015 by Éditions You Feng, Paris.

Mise à jour revue et augmentée en janvier 2021 d'un livre initialement publié en 2015 par les Éditions You Feng, Paris.

English Preface

Mathematics in Chinese is aimed at Chinese language students with an elementary proficiency who want to be able to use Chinese to communicate about numbers, geometrical objects, coordinates, mathematical models, statistics, probabilities, traditional time reckoning, calendars, and other mathematical concepts.

600 of the most common Chinese characters are enough to form the basic Chinese lexicon of mathematics and calendric astronomy. The required initial comprehension level corresponds to the threshold A2/B1 of the Common European Framework of Reference for Languages. Learning the contents of this book can be part of the transition from B1 to B2 described, for example, by the European Benchmarking Chinese Language Project.

Préface française

Mathématiques en chinois s'adresse aux élèves et étudiants qui possèdent un niveau élémentaire en chinois et souhaitent pouvoir communiquer dans cette langue sur les nombres, les objets géométriques, les coordonnées, les modèles mathématiques, les statistiques, les probabilités, la mesure traditionnelle du temps, les calendriers, et autres notions mathématiques.

À l'aide de 600 caractères chinois parmi les plus fréquents on peut former l'essentiel du vocabulaire chinois des mathématiques et de l'astronomie calendaire. Le niveau de compréhension initial requis correspond au seuil A2/B1 du Cadre Européen Commun de Référence pour les Langues. L'assimilation du contenu de ce livre contribue à la transition de B1 vers B2 décrite, par exemple, par le European Benchmarking Chinese Language Project.

中文序言

《中文数学》一书面向的是已拥有相当汉语水平,并且希望能够运用汉语表述数字、几何形状、坐标、数学建模、统计、概率、传统计时法、历法等数学概念的学生。

用600个常用汉字,便可以构成汉语的基础数学和天文历法词汇。初始汉语理解水平应为"欧洲共同语言参考标准"A2到B1的过渡,而学会该书的内容有助于通过标准B1到B2的过渡(可以参考欧洲汉语能力基准项目的资料)。

Table of Contents

1. Mathematics 1
   - 1-1 Mathematical problems and models 2
   - 1-2 Areas of mathematics...4
   - 1-3 Mathematical propositions 6
   - 1-4 Universal and existential quantifiers..8
   - 1-5 Mathematical proofs 10
2. Integers and decimal numbers...13
   - 2-1 How to read numbers 14
   - 2-2 Decimal places..16
   - 2-3 Counting from 1 to 99999 18
   - 2-4 How to read large numbers 20
   - 2-5 Decimal numbers and prices 22
3. Arithmetics..25
   - 3-1 Addition and substraction 26
   - 3-2 Multiplication..28
   - 3-3 Exponents and radicals 30
   - 3-4 Division..32
   - 3-5 Multiples and factors...34
   - 3-6 Greatest common divisor and least common multiple 36
4. Calculations and tools for calculating 39
   - 4-1 Comparison and order..40
   - 4-2 Proportionality 42
   - 4-3 Exact and approximate values...44
   - 4-4 Algorithms and computers 46
   - 4-5 Abacuses 48
   - 4-6 Mnemonics for the addition on an abacus..............................50
   - 4-7 Mnemonics for the subtraction on an abacus 52
   - 4-8 Counting rods..54
5. Fractions..57
   - 5-1 Proper fractions, improper fractions and mixed numbers 58
   - 5-2 Percentages 60
   - 5-3 Reduction of fractions...62
   - 5-4 Adding, subtracting, multiplying and dividing fractions 64
6. Algebra and equations..67
   - 6-1 Algebra and variables 68
   - 6-2 Equalities and inequalities 70
   - 6-3 Factorization and development 72
   - 6-4 Identities and equations..74
   - 6-5 Solving equations 76
   - 6-6 Systems of equations..78

  6-7 Elimination methods 80
7. Types of numbers 83
  7-1 Sets 84
  7-2 Natural numbers and integers 86
  7-3 Rational and irrational numbers 88
  7-4 The real number line and intervals 90
  7-5 Neighborhoods 93
  7-6 Complex numbers 94
8. Units of measurement and conversions 97
  8-1 Prefixes of the International System of Units 98
  8-2 Units of length 100
  8-3 Units of area 102
  8-4 Units of capacity 104
  8-5 Units of mass 106
  8-6 Units of time 108
  8-7 Units of speed 110
9. Plane geometry 113
  9-1 Geometric figures and instruments 114
  9-2 Points and lines 116
  9-3 Vectors 118
  9-4 Angles and bisectors 120
  9-5 Relative positions of straight lines 122
  9-6 Relative positions of angles 126
  9-7 Intercept theorem 128
  9-8 Perpendicular bisector of a segment 130
  9-9 Circles and annuli 132
  9-10 Inscribed and central angles 136
  9-11 Triangles 138
  9-12 Altitude and median of a triangle 140
  9-13 Four centers of a triangle 142
  9-14 Triangle midpoint theorem 144
  9-15 Pythagorean theorem 145
  9-16 Zhao Shuang's proof 147
  9-17 Trigonometric functions 148
  9-18 Polygons 149
  9-19 Convex and concave polygons 151
  9-20 Quadrilaterals 1 153
  9-21 Quadrilaterals 2 155
  9-22 Particular quadrilaterals 157
  9-23 Symmetries and projections 159
  9-24 Transformations 161
  9-25 Spirals and sinusoids 164
10. Space geometry 167
  10-1 Planes and lines 168

 10-2 Polyhedrons 170
 10-3 Cylinders and prisms...172
 10-4 Cones and pyramids 174
 10-5 Spheres...176
 10-6 Helixes, toruses, Möbius strips 177
11. Coordinate systems 179
 11-1 Localization and coordinate systems 180
 11-2 Equations of straight lines and conic sections...182
 11-3 Latitude and longitude 184
12. Functions...187
 12-1 Maps 188
 12-2 Injective, surjective and bijective functions..190
 12-3 Functions...192
 12-4 Monotonicity changes 194
 12-5 Bounds and limits 196
 12-6 Global and local extrema 198
 12-7 Parity...200
 12-8 Periodicity...202
 12-9 Continuity 204
 12-10 Derivatives...206
 12-11 Antiderivatives and integrals 208
 12-12 Proportional functions...210
 12-13 Linear functions 212
 12-14 Quadratic functions...214
 12-15 Roots of quadratic equations 216
 12-16 Other common functions...218
13. Sequences..221
 13-1 Expressions 222
 13-2 Characteristics...224
 13-3 Arithmetic progressions 228
 13-4 Geometric progressions 230
14. Statistics and probabilities 233
 14-1 Sets of statistical data..234
 14-2 Central tendency of a set of statistical data...238
 14-3 Dispersion of a set of statistical data...240
 14-4 Combinations and binomial coefficients...242
 14-5 Random events and probability...244
 14-6 Expected value of a random variable 246
 14-7 Probability distributions..248
 14-8 Sampling fluctuation 250
15. Traditional Chinese measurement of time 253
 15-1 The *shíchén*, two-hour periods 254
 15-2 Celestial stems and earthly branches...256
 15-3 The *jiǎzǐ*, a 60-term cycle..258

- 15-4 Numbering years with the *jiǎzǐ* 260
- 15-5 The Five Elements and astrological signs 262
- 15-6 Grass-root numbering of years 264
- 16. Astronomy and calendars 267
  - 16-1 The Solar System 268
  - 16-2 The Seven Luminaries and the days of the week 270
  - 16-3 Revolution and rotation of the Earth 272
  - 16-4 Ecliptic and equator 274
  - 16-5 The Gregorian calendar 276
  - 16-6 Equinoxes and solstices 278
  - 16-7 The twenty-four solar terms 282
  - 16-8 The four seasons 286
  - 16-9 Phases of the Moon 288
  - 16-10 Chinese traditional calendar 1 290
  - 16-11 Chinese traditional calendar 2 292
- 17. How to read letters 294
  - 17-1 English alphabet 295
  - 17-2 Greek alphabet 296
- 18. Lexicons 297
  - 18-1 Chinese-English-French 298
  - 18-2 English-Chinese 331
  - 18-3 French-Chinese 357
- 19. Mathematical symbols 383

Table des matières

1. Mathématiques 1
    1-1 Problèmes et modèles mathématiques 2
    1-2 Branches des mathématiques 4
    1-3 Propositions mathématiques 6
    1-4 Quantificateurs universel et existentiel 8
    1-5 Preuve mathématique 10
2. Entiers et décimaux 13
    2-1 Lecture des nombres et des numéros 14
    2-2 Rangs décimaux 16
    2-3 Compter de 1 à 99999 18
    2-4 Lecture des grands nombres 20
    2-5 Nombres décimaux et prix 22
3. Arithmétique 25
    3-1 Addition et soustraction 26
    3-2 Multiplication 28
    3-3 Puissances et racines 30
    3-4 Division 32
    3-5 Multiples et facteurs 34
    3-6 Plus petit commun multiple et plus grand diviseur commun .. 36
4. Calculs et outils de calcul 39
    4-1 Comparaison et ordre 40
    4-2 Proprotionnalité 42
    4-3 Valeurs exactes et approchées 44
    4-4 Algorithmes et ordinateurs 46
    4-5 Boulier 48
    4-6 Mnémoniques de l'additions au boulier 50
    4-7 Mnémoniques de la soustraction au boulier 52
    4-8 Bâtonnets de calculs 54
5. Fractions 57
    5-1 Fractions propres et impropres, nombres mixtes 58
    5-2 Pourcentages 60
    5-3 Réduction des fractions 62
    5-4 Addition, soustraction, multiplication et division des fractions .. 64
6. Algèbre et équations 67
    6-1 Algèbre et variables 68
    6-2 Égalités et inégalités 70
    6-3 Factorisation et développement 72
    6-4 Identités et équations 74
    6-5 Résolution d'équations 76
    6-6 Systèmes d'équations 78
    6-7 Méthodes d'élimination 80
7. Ensembles de nombres 83
    7-1 Ensembles 84

7-2 Nombres naturels et entiers 86
7-3 Nombres rationnels et irrationnels 88
7-4 Droite réelle et intervalles 90
7-5 Voisinages 93
7-6 Nombres complexes 94
8. Unités de mesure et conversions 97
8-1 Préfixes du système international d'unités 98
8-2 Unités de longueur 100
8-3 Unités d'aire 102
8-4 Unités de capacité 104
8-5 Unités de masse 106
8-6 Unités de temps 108
8-7 Unités de vitesse 110
9. Géométrie plane 113
9-1 Figures et instruments géométriques 114
9-2 Points et lignes 116
9-3 Vecteurs 118
9-4 Angles et bissectrices 120
9-5 Positions relatives de droites 122
9-6 Positions relatives d'angles 126
9-7 Théorème de Thalès 128
9-8 Médiatrice d'un segment 130
9-9 Cercles et couronnes 132
9-10 Angles inscrits et angles au centre 136
9-11 Triangles 138
9-12 Hauteurs et médianes d'un triangle 140
9-13 Quatre centres d'un triangle 142
9-14 Droite des milieux d'un triangle 144
9-15 Théorème de Pythagore 145
9-16 La démonstration de Zhao Shuang 147
9-17 Fonctions trigonométriques 148
9-18 Polygones 149
9-19 Polygones convexes et concaves 151
9-20 Quadrilatères 1 153
9-21 Quadrilatères 2 155
9-22 Quadrilatères particuliers 157
9-23 Symétries et projections 159
9-24 Transformations 161
9-25 Spirales et sinusoïdes 164
10. Géométrie dans l'espace 167
10-1 Plans et droites 168
10-2 Polyèdres 170
10-3 Cylindres et prismes 172
10-4 Cônes et pyramides 174
10-5 Sphères 176
10-6 Hélices, tores, ruban de Möbius 177
11. Repères et coordonnées 179

11-1 Repérage et repères ... 180
11-2 Équations des droites et des coniques ... 182
11-3 Latitude et longitude ... 184
12. Fonctions ... 187
  12-1 Applications ... 188
  12-2 Injections, surjections et bijections ... 190
  12-3 Fonctions ... 192
  12-4 Variations ... 194
  12-5 Bornes et limites ... 196
  12-6 Extrema globaux et locaux ... 198
  12-7 Parité ... 200
  12-8 Périodicité ... 202
  12-9 Continuité ... 204
  12-10 Dérivées ... 206
  12-11 Primitives et intégrales ... 208
  12-12 Fonctions linéaires ... 210
  12-13 Fonctions affines ... 212
  12-14 Fonctions du second degré ... 214
  12-15 Racines des équations du second degré ... 216
  12-16 Autres fonctions courantes ... 218
13. Suites ... 221
  13-1 Expressions ... 222
  13-2 Caractéristiques ... 224
  13-3 Suites arithmétiques ... 228
  13-4 Suites géométriques ... 230
14. Statistiques et probabilités ... 233
  14-1 Série statistique ... 234
  14-2 Tendance centrale d'une série statistique ... 238
  14-3 Dispersion d'une série statistique ... 240
  14-4 Combinaisons et coefficients binomiaux ... 242
  14-5 Événements aléatoires et probabilité ... 244
  14-6 Espérance d'une variable aléatoire ... 246
  14-7 Lois de probabilité ... 248
  14-8 Fluctuation d'échantillonage ... 250
15. Mesure traditionnelle du temps en Chine ... 253
  15-1 Les *shíchén*, des périodes de deux heures ... 254
  15-2 Tiges célestes et branches terrestres ... 256
  15-3 Le *jiǎzǐ*, un cycle de 60 termes ... 258
  15-4 Numérotation des années avec le *jiǎzǐ* ... 260
  15-5 Les cinq éléments et les signes astrologiques ... 262
  15-6 Numérotation populaire des années ... 264
16. Astronomie et calendriers ... 267
  16-1 Le système solaire ... 268
  16-2 Les sept astres et les jours de la semaine ... 270
  16-3 Révolution et rotation de la Terre ... 272
  16-4 Écliptique et équateur ... 274
  16-5 Le calendrier grégorien ... 276

16-6 Équinoxes et solstices 278
16-7 Les vingt-quatre périodes solaires 282
16-8 Les quatre saisons 286
16-9 Les phases de la Lune 288
16-10 Calendrier traditionnel chinois 1 290
16-11 Calendrier traditionnel chinois 2 292
17. Lecture des lettres 294
17-1 Alphabet anglais 295
17-2 Alphabet grec 296
18. Lexiques 297
18-1 Chinois-anglais-français 298
18-2 Anglais-chinois 331
18-3 Français-chinois 357
19. Symboles mathématiques 383

目录

1. 数学 1
   - 1-1 数学问题和模型 2
   - 1-2 数学分支 4
   - 1-3 数学命题 6
   - 1-4 全称量词和存在量词 8
   - 1-5 数学证明 10
2. 整数与小数 13
   - 2-1 数字与号码的读法 14
   - 2-2 数位 16
   - 2-3 从 1 数到 99999 18
   - 2-4 读大数 20
   - 2-5 小数与价格 22
3. 算术 25
   - 3-1 加法与减法 26
   - 3-2 乘法 28
   - 3-3 乘方和开方 30
   - 3-4 除法 32
   - 3-5 倍数和因数 34
   - 3-6 最小公倍数和最大公约数 36
4. 计算与计算工具 39
   - 4-1 比较与次序 40
   - 4-2 成正比例 42
   - 4-3 精确值和近似值 44
   - 4-4 算法与电脑 46
   - 4-5 算盘与珠算 48
   - 4-6 珠算的加法口诀 50
   - 4-7 珠算的减法口诀 52
   - 4-8 算筹与筹算 54
5. 分数 57
   - 5-1 真分数、假分数和带分数 58
   - 5-2 百分比 60
   - 5-3 约分和通分, ... 62
   - 5-4 分数的加减法和乘除法 64
6. 代数式和方程 67
   - 6-1 代数式和变量 68

  6-2 等式和不等式 70
  6-3 因式分解与展开 72
  6-4 恒等式和方程 74
  6-5 解方程 76
  6-6 方程组 78
  6-7 消元法 80
7. 数集 83
  7-1 集合 84
  7-2 自然数和整数 86
  7-3 有理数与无理数 88
  7-4 实数轴与区间 90
  7-5 邻域 93
  7-6 复数 94
8. 计量单位与换算 97
  8-1 国际计量单位的词头 98
  8-2 长度单位 100
  8-3 面积单位 102
  8-4 容积单位 104
  8-5 质量单位 106
  8-6 时间单位 108
  8-7 速度单位 110
9. 平面几何 113
  9-1 图形和几何仪器 114
  9-2 点和线 116
  9-3 向量 118
  9-4 角和角平分线 120
  9-5 直线的位置关系 122
  9-6 角的位置关系 126
  9-7 平行线分线段成比例定理 128
  9-8 线段的垂直平分线 130
  9-9 圆和环形 132
  9-10 圆周角和圆心角 136
  9-11 三角形 138
  9-12 三角形的高和中线 140
  9-13 三角形的四心 142
  9-14 三角形的中位线 144
  9-15 勾股定理 145
  9-16 赵爽弦图 147
  9-17 三角函数 148

  9-18 多边形 149
  9-19 凸多边形和凹多边形 151
  9-20 四边形 1 153
  9-21 四边形 2 155
  9-22 特殊平行四边形 157
  9-23 对称和射影 159
  9-24 变换 161
  9-25 螺线和正弦曲线 164
10. 空间几何 167
  10-1 面和直线 168
  10-2 多面体 170
  10-3 柱体 172
  10-4 锥体 174
  10-5 球 176
  10-6 螺旋、环面、莫比乌斯带 177
11. 坐标系 179
  11-1 定位和坐标系 180
  11-2 直线和圆锥曲线的方程 182
  11-3 经纬度 184
12. 函数 187
  12-1 映射 188
  12-2 单射、满射、双射 190
  12-3 函数 192
  12-4 增减性 194
  12-5 有界性和极限 196
  12-6 最值和极值 198
  12-7 奇偶性 200
  12-8 周期性 202
  12-9 连续性 204
  12-10 导数 206
  12-11 原函数和积分 208
  12-12 正比例函数 210
  12-13 一次函数 212
  12-14 二次函数 214
  12-15 一元二次方程的根 216
  12-16 其他常见函数 218
13. 数列 221
  13-1 表达法 222
  13-2 性质 224

  13-3 等差数列 228
  13-4 等比数列 230
14. 统计和概率 233
  14-1 数据组 234
  14-2 数据组的中心趋势 238
  14-3 数据组的离散程度 240
  14-4 组合和二项式系数 242
  14-5 随机事件和概率 244
  14-6 随机变量的期望值 246
  14-7 概率分布 248
  14-8 抽样波动 250
15. 中国传统计时法 253
  15-2 天干和地支 256
  15-3 甲子 258
  15-4 干支纪法 260
  15-5 五行和生肖 262
  15-6 民间纪年法 264
16. 天文和历法 267
  16-1 太阳系 268
  16-2 七曜 270
  16-3 地球公转和自转 272
  16-4 黄道和赤道 274
  16-6 昼夜平分点、至点 278
  16-7 二十四个节气 282
  16-8 四季 286
  16-9 月相 288
  16-10 夏历 1 290
  16-11 夏历 2 292
17. 字母的读法 294
  17-1 英语字母 295
  17-2 希腊字母 296
18. 词汇表 297
  18-1 汉英法 298
  18-2 英汉 331
  18-3 法汉 357
19. 数学符号 383

1. Mathematics

1. Mathématiques

1. 数学

1-1 Mathematical problems and models

1-1 Problèmes et modèles mathématiques

1-1 数学问题和模型

汉语	English	Français
数学 shùxué	mathematics	mathématiques
问题 wèntí	topic, problem	sujet, problème
建立 jiànlì	establish	établir
某 mǒu	some, certain	un certain
现象 xiànxiàng	phenomenon	phénomène
模型 móxíng	model	modèle
过程 guòchéng	process	processus
建模 jiàn mó	to model, modeling	modéliser, modélisation
已知 yǐzhī	known	connu
条件 tiáojiàn	condition	condition
求 qiú	seek, request	chercher, demander
求证 qiúzhèng	prove that	démontrer que
解 jiě	to solve, solution	résoudre, solution
过程 guòchéng	process	processus
答案 dáàn	answer	réponse
计算 jìsuàn	compute, reckon	calculer
结果 jiéguǒ	result	résultat
证明 zhèngmíng	to prove, proof	démontrer, démonstration

模型

数学可以建立对应某个现象的模型。建立模型的过程叫做建模。

数学问题

一个数学题，先给出一些已知条件，并且根据已知条件，我们找出某个答案。找出答案的过程叫解题。计算题的答案是一个计算的结果，证明题的答案是一个证明。

计算题

题 1：一个人今年 25 岁，求这个人 10 年后的岁数。

解：这个人 10 年后比今年大 10 岁。已知这个人今年 25 岁，所以 10 年后的岁数是 $25 + 10 = 35$。

答案：这个人 10 年后的岁数是 35 岁。

证明题

题 2：A 今年 20 岁，B 今年 40 岁，求证 A 比 B 小。

解：因为 20 比 40 小，所以 A 比 B 小。

1-2 Areas of mathematics

1-2 Branches des mathématiques

1-2 数学分支

汉语	English	Français
分支 fēnzhī	area, branch, sector	branche
对象 duìxiàng	object	objet
方法 fāngfǎ	method	méthode
算术 suànshù	arithmetic	arithmétique
数 shù	number (quantity)	nombre
代数 dàishù	algebra	algèbre
代数式 dàishùshì	algebraic expression	expression algébrique
方程 fāngchéng	equation	équation
几何 jǐhé	geometry	géométrie
形状 xíngzhuàng	shape	forme
图形 túxíng	geometric figure	figure géométrique
解析几何 jiěxī jǐhé	analytic geometry	géométrie analytique
坐标 zuòbiāo	coordinate	coordonnée
数学分析 shùxué fēnxī	mathematical analysis	analyse
函数 hánshù	function	fonction
数列 shùliè	series of numbers	suite de nombre
微积分 wēijīfēn	differential and integral calculus	calcul différentiel et intégral
微分几何 wēifēn jǐhé	differential geometry	géométrie différentielle
统计学 tǒngjìxué	statistics	statistiques
概率论 gàilǜlùn	probability theory	théorie des probabilités

数学分支

　　数学有许多分支,每个分支有自己的方法和对象。比如,算术的对象是数和计算,代数的对象是代数式和方程,几何的对象是形状,数学分析的对象是函数和数列。数学分支还有统计和概率。

　　数学分支不一定分别独立。比如,用坐标的几何叫解析几何,微积分是数学分析的一个分支,微分几何是用微积分的几何。

题
1.介绍几个数学分支和它们的对象。
2.数学分支都互相独立吗?

1-3 Mathematical propositions

1-3 Propositions mathématiques

1-3 数学命题

汉语	English	Français
命题 mìngtí	proposition	proposition
真 zhēn	true	vrai
假 jiǎ	false	faux
逻辑 luóji	logic	logique
值 zhí	value	valeur
成立 chénglì	to be true	être vrai
或 huò	or, and/or, inclusive 'or'	ou, et/ou, « ou » inclusif
且 qiě	and, moreover	et, de plus
非 fēi	not, non-	non
否定 fǒudìng	to negate, negation	nier, négation
记作 jìzuò	be written	se note, être noté
若…，则… ruò…, zé…	if…, then…	si…, alors…
蕴含 yùnhán	implication	implication
条件 tiáojiàn	condition	condition
结论 jiélùn	consequence	conséquence
充分条件 chōngfèn tiáojiàn	sufficient condition	condition suffisante
必要条件 bìyào tiáojiàn	necessary condition	condition nécessaire
互为 hùwéi	to be mutually	être mutuellement
当且仅当 dāngqiějǐndāng	if and only if	si et seulement si
变式 biànshì	transformation	transformation
原命题 yuán mìngtí	initial proposition	proposition initiale
逆命题 nì mìngtí	reciprocal proposition	proposition réciproque
否命题 fǒu mìngtí	negation (proposition)	négation (proposition)
逆否命题 nìfǒu mìngtí	contrapositive proposition	proposition contraposée

数学命题

一个命题 P 只可以作为真和假两种逻辑值。如果一个命题是真的，那么也可以说它成立。

命题 P 的否定命题是"非 P"，记作 $\bar{P}$。如果命题 P 成立，那么否命题 $\bar{P}$ 不成立。如果命题 P 不成立，那么否命题 $\bar{P}$ 成立。

"P 或 Q"记作 $P \vee Q$，意思是说，如果命题 P 或命题 Q 其中一个或两个成立，那么命题 $P \vee Q$ 也成立。

"P 且 Q"记作"$P \wedge Q$"，意思是说，如果命题 P 和命题 Q 都成立，那么命题 $P \wedge Q$ 也成立。

"若 P，则 Q"，也说"P 蕴含 Q"，记作 $P \Rightarrow Q$，在命题"若 P，则 Q"中，P 是条件，Q 是结论，意思是说，如果 P 成立，那么 Q 也成立。我们说 P 是 Q 的充分条件，Q 是 P 的必要条件。

"P 当且仅当 Q"，记作 $P \Leftrightarrow Q$，意思是说"$P \Rightarrow Q$ 且 $Q \Rightarrow P$"。我们说 P 和 Q 互为充分必要条件。

蕴含命题的变式

原命题为"若 P，则 Q"（记作 $P \Rightarrow Q$），
逆命题为"若 Q，则 P"（记作 $Q \Rightarrow P$），
否命题为"若非 P，则非 Q"（记作 $\bar{P} \Rightarrow \bar{Q}$），
逆否命题为"若非 Q，则非 P"（记作 $\bar{Q} \Rightarrow \bar{P}$）。
如果原命题 $P \Rightarrow Q$ 成立，那么它的逆否命题 $\bar{Q} \Rightarrow \bar{P}$ 也成立。

题：说一说什么是充分条件和必要条件。介绍逆命题、否命题和逆否命题分别和原命题的关系。

1-4 Universal and existential quantifiers

1-4 Quantificateurs universel et existentiel

1-4 全称量词和存在量词

汉语	English	Français
全称量词 quánchēng liàngcí	universal quantifier	quantificateur universel
对于 duìyú	for, regarding	pour
所有 suǒyǒu	all	tous les
任何 rènhé	any	quelconque
每个 měi ge	each, every	chaque
意味着 yìwèizhe	mean, imply	signifier
使 shǐ	to make, to cause	faire, rendre
存在量词 cúnzài liàngcí	existential quantifier	quantificateur existentiel
存在 cúnzài	exist	exister
至少 zhìshǎo	at least	au moins
唯一量词 wéiyī liàngcí	uniqueness quantifier	quantificateur d'unicité

全称量词

全称量词为"对于所有"或"对于任何"或"对于每个",它记作∀。命题$\forall x: P(x)$意味着所有的x都使$P(x)$成立。

存在量词

存在量词为"存在着",它记作∃。命题$\exists x: P(x)$意味着有至少一个x使$P(x)$成立。

唯一量为"只存在一个",记作∃!。命题$\exists! x: P(x)$意味着只有一个x使$P(x)$成立。

否定

命题$\forall x: P(x)$的否定变式为$\exists x: \neg P(x)$。命题$\exists x: P(x)$的否定变式为$\forall x: \neg P(x)$。

题

1. 讲一讲什么是全称量词命题和存在量词命题。
2. 讲一讲全称量词命题和存在量词命题的否定变式。

1-5 Mathematical proofs

1-5 Preuve mathématique

1-5 数学证明

汉语	English	Français
证明 zhèngmíng	to prove, proof	démontrer, démonstration
公理 gōnglǐ	axiom	axiome
定理 dìnglǐ	theorem	théorème
演绎 yǎnyì	deduction	déduction
推理 tuīlǐ	to reason, inference	raisonner, raisonnement
推论 tuīlùn	to infer, to deduce	déduire
推导 tuīdǎo	to infer, to deduce	déduire
猜想 cāixiǎng	conjecture	conjecture
是否 shìfǒu	whether or not	si oui ou non
有限 yǒuxiàn	finite	fini
特殊情况 tèshū qíngkuàng	case	cas
穷举法 qióng jǔ fǎ	proof by cases	raisonnement par disjonction de cas
完全归纳法 wánquán guīnàfǎ	proof by cases	raisonnement par disjonction de cas
反例 fǎnlì	counterexample	contre-exemple
归谬法 guī miù fǎ	proof by contradiction	raisonnement par l'absurde
反证法 fǎn zhèng fǎ	proof by contradiction	raisonnement par l'absurde
换质位法 huàn zhì wèi fǎ	proof by contrapositive	raisonnement par contraposée
自然数 zìránshù	natural number	nombre naturel
变量 biànliàng	variable	variable
数学归纳法 shùxué guīnàfǎ	mathematical induction	raisonnement par récurrence
归纳 guīnà	to infer from facts, induction	inférer, induction

| 永远 yǒngyuǎn | always | toujours |

数学证明

数学证明是由已知条件，公理和定理，用演绎推理，推导出来一些命题的过程。如果不证明一个命题成立，那么这个命题只作为猜想。

证明方法

数学有许多方法证明一个命题是否成立，这些方法依靠数学逻辑。

当特殊情况时，可以用穷举法（也叫完全归纳法）证明对于每个特殊情况命题成立。

有时候可以用一个反例证明一个命题不成立。

有时候可以用反证法（也叫归谬法），先假设原命题 P 的否命题"非 P"成立，推导出某种矛盾，这样证明假设"非 P"不成立，再推导出原命题成立。

有时候可以用换质位法证明逆否命题"若非 Q，则非 P"成立，这样证明原命题"若 P，则 Q"成立。

当命题 P_n 中有自然数变量 n 时，可以用数学归纳法先证明 P_0 或 P_1 成立，再证明若 P_n 是对的，则 P_{n+1} 也是对的，这样证明命题 P_n 永远是对的。

题

1. 介绍几个证明方法。

2. Integers and decimal numbers

2. Entiers et décimaux

2. 整数与小数

2-1 How to read numbers

2-1 Lecture des nombres et des numéros

2-1 数字与号码的读法

汉语	English	Français
数字 shùzì	digit	chiffre
数 shù	number (quantity)	nombre
数 shǔ	to count	compter
数量 shùliàng	quantity, scalar	quantité, scalaire
整数 zhěngshù	integer	nombre entier
号码 hàomǎ	number	numéro
手势 shǒushì	gesture	geste
阿拉伯 ālābó	Arab, Arabic	arabe
读 dú	to read	lire
读法 dúfǎ	reading, pronunciation	lecture, prononciation
等等 děngděng	etc.	etc.
比如 bǐrú	for instance	par exemple
如果 rúguǒ	if	si
那么 nàme	then	alors

中国人用阿拉伯数字

阿拉伯数字	0	1	2	3	4	5	6	7	8	9
汉语读法	líng 零	yī 一	èr 二	sān 三	sì 四	wǔ 五	liù 六	qī 七	bā 八	jiǔ 九

中国人的数字手势

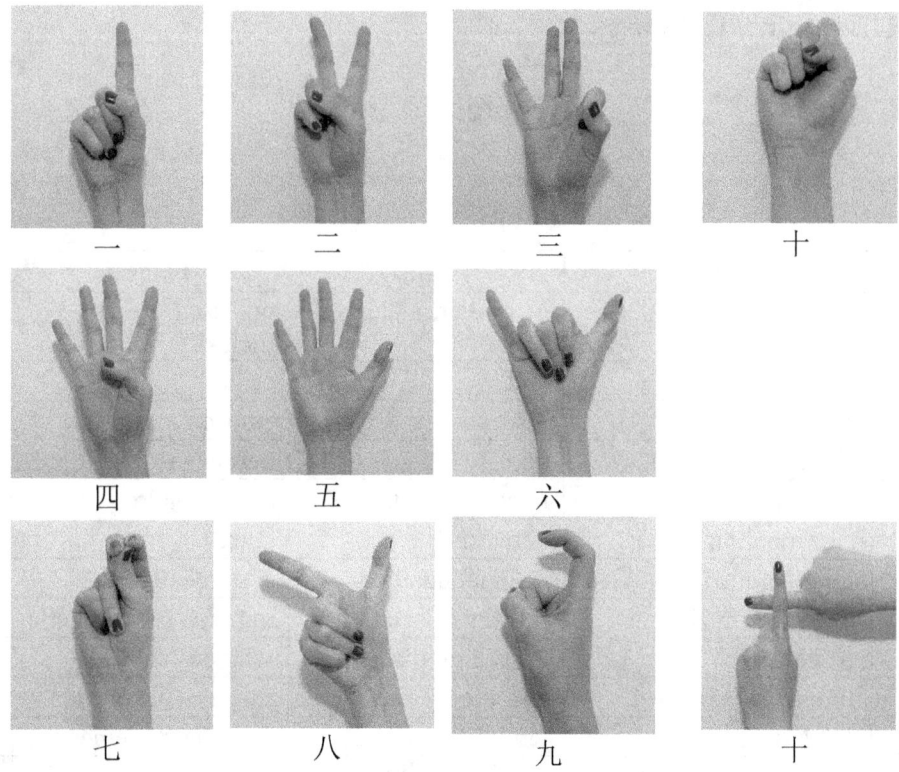

读号码

"259教室"的教室号码259读"二五九"。"800教室"的教室号码"八零零"。号码的读法与数量的读法不一样。

如果号码里面有数字1，那么它要读"yāo（幺）"，不读"yī（一）"。比如，北京的电话号码01062013358读"零幺零六二零幺三三五八"。

题

1. 用汉语读你的电话号码、教室号码。

2-2 Decimal places

2-2 Rangs décimaux

2-2 数位

汉语	English	Français
或 huò	or, and/or, inclusive 'or'	ou, et/ou, « ou » inclusif
与 yǔ	and	et
分别 fēnbié	respectively	respectivement
部分 bùfēn	part	partie
对应 duìyìng	to correspond	correspondre
中间 zhōngjiān	between	entre
十进制 shíjìnzhì	decimal notation	système décimal
位置制 wèizhi zhì	positional notation	notation positionnelle
个位 gèwèi	units digit place	rang des unités
十位 shíwèi	tens digit place	rang des dizaines
十分位 shífēnwèi	tenths digit place	rang des dixièmes
百分位 bǎifēnwèi	hundredths digit position	rang des centièmes
数位 shùwèi	place of a digit	rang numérique
小数 xiǎoshù	decimal number	nombre décimal
小数点 xiǎoshù diǎn	decimal mark	point séparateur décimal

汉语的十进制数位

  10 说"十"或"一十"，100 说"一百"，1000 说"一千"，1 0000 说"一万"，10 0000 说"十万"，100 0000 说"一百万"，1000 0000 说"一千万"，1 0000 0000 说"一亿"，10 0000 0000 说"十亿"或"一十亿"，100 0000 0000 说"一百亿"，等等。

  "百"、"千"、"万"和"亿"以前要用"一"。从 10 数到 19，数字"十"以前可以用"一"，可平时不用。在 110 到 119，或在 210 到 219，等等，数字"十"以前要用"一"。比如，11 读"十一"或"一十一"、111 读"一百一十一"，等等。

数位	汉语	English	Français
10	shí （十）	ten	dix

$100 = 10^2$	bǎi（百）	hundred	cent
$1000 = 10^3$	qiān（千）	thousand	mille
$10000 = 10^4$	wàn（万）		
$100000 = 10^5$			
$1000000 = 10^6$		million	million
$10000000 = 10^7$			
$100000000 = 10^8$	yì（亿）		
$1000000000 = 10^9$		billion	milliard

整数与小数的数位

	整数部分						小数部分				
…	十万位	万位	千位	百位	十位	个位	小数点	十分位	百分位	千分位	万分位	十万分位	…
					6	7	.	3	1	4		

在整数 1856729 中，9 是"个位数"、2 是"十位数"、7 是"百位数"、6 是"千位数"、5 是"万位数"、8 是"十万位数"、1 是"百万位数"。

在小数 67.314 中，67 是整数部分，314 是小数部分，6 是十位数，7 是"个位数"、3 是"十分位数"、1 是"百分位数"、4 是"千分位数"。整数部分与小数部分中间有"小数点"。

题
1. 读 10、11、100、110、111、1100、1111。
2. 数 123、5089.17、890.91 的个位数分别是多少？十位数和十分位数呢？

2-3 Counting from 1 to 99999

2-3 Compter de 1 à 99999

2-3 从1数到99999

汉语	English	Français
数量 shùliàng	quantity	quantité
空位 kōngwèi	empty position	position vide
两 liǎng	two; (weight unit) 50 g	deux ; (unité de poids) 50 g
零 líng	zero	zéro
用法 yòngfǎ	use	usage
一般 yìbān	generally	en général
这样 zhèyàng	this way	de la sorte
量词 liàngcí	classifier	classificateur
名词 míngcí	noun	nom (substantif)
也就是说 yějiùshì shuō	in other words	c'est-à-dire
例子 lìzi	example	exemple
可能 kěnéng	possibility, possible	possibilité, possible
三位数 sānwèishù	three-digit number	nombre à trois chiffres

用汉语读整数1到99：整数1到99表达数量说一、二、三、…、九、十或一十、十一或一十一、十二或一十二、…、二十、二十一、…、二十九、三十、…、九十九。

用汉语读五位数：从100开始的三位到五位数要用数位百、千和万表达。比如，没有空位的五位数54321读"五万四千三百二十一"。

说"二"还是说"两"？"个"、"本"，等等都是汉语的"量词"，用在数与名词中间。比如，"三个同学"、"十本书"。在量词前边，一般用"两"表达2，比如"两个人"、"两本书"。可是在量词"两"（它代表50 g）前边一般用"二"，说"二两饺子"，也就是说"100 g饺子"。

　　如果个位数是2，可是十位以上还有其他数字，那么个位数2只能说"二"。比如12说"十二"或"一十二"，112说"一百一十二"。

位数字"十"以前只能用"二",比如说 20"二十"、325"三百二十五"。

位数字"百"、"千"和"万"以前一般用"两",也可以用"二",比如 200 可以说"两百"也可以说"二百"。222 可以说"两百二十二"也可以说"二百二十二"。

说数字什么时候用"零"?如果一个三位数中间的数是 0,那么要说一次"零",比如 301 读"三百零一",而"三百一"只能是 310。

310 有两个读法,"三百一十"和"三百一",不过在一个量词前边只能用第一个说法,比如"310 个人"只能说"三百一十个人"。

如果一个四位数中间有一个或两个数是 0,那么要说一次"零",比如 3001 读"三千零一",而"三千一"只能是 3100。

3100 有两个读法,"三千一百"和"三千一",不过在一个量前边只能用第一个。3010 只有一个读法,是"三千零一十"。

如果一个五位数中间有一个、两个或三个 0,那么要说一次"零",比如 30001 读"三万零一",而"三万一"只能是 31000。

31000 有两个读法,"三万一千"和"三万一",不过在一个量词前边只能用第一个。30100 只有一个读法,是"三万零一百"。30010 也只有一个读法,是"三万零一十"。

"零"字会出现的其他地方:"两年零十个月"、"十块零五毛",等等。

题:1. 读 101、110、1001、1100、1101、1011、11101、11011、10111、11001、10011、10101、10001。2. 读 2、22、222、2222、22222。每个数分别有几个读法?

2-4 How to read large numbers

2-4 Lecture des grands nombres

2-4 读大数

汉语	English	Français
左 zuǒ	left side	gauche
右 yòu	right side	droite
左右 zuǒyòu	roughly	environ
把...分成 bǎ ... fēnchéng	split ... into	partager ... en
前 qián	front, before	avant
后 hòu	behind, after	arrière, après
而且 érqiě	more over	de plus
语言 yǔyán	language	langue

"万"与"亿"

汉语读数时，用"wàn（万）"和"yì（亿）"。"万"是 10^4，有四个 0。"亿"是 10^8，有八个 0。那么汉语读大数要从右到左把大数分成四位数的部分，也就是说有四个数的部分，最左边的部分可能没有四个数字。比如，

$$3344\ 5566\ 7788$$
$$=3344\ \times 10^8\ +5566\ \times 10^4\ +7788$$
读 3344　亿　5566　万　7788

例子 1：八位数 43216789 分成 4321 6789。先读 4321，是"四千三百二十一"，然后说"万"，再读 6789，是"六千七百八十九"。这样 4321 6789 读"四千三百二十一万六千七百八十九"，也就是说读了"4321 万 6789"。

例子 2：十二位数 334455667788 分成 3344 5566 7788。先读 3344，是"三千三百四十四"，然后说"亿"，再读 5566 是"五千五百六十六"，然后说"万"，再读 7788，是"七千七百八十八"。这样 3344 5566 7788 读"三千三

百四十四亿五千五百六十六万七千七百八十八",也就是说读了"3344 亿 5566 万 7788"。

例子 3：十二位数 334055007000 分成 3340 5500 7000。先读 3340，是"三千三百四十"，然后说"亿"，再读 5500，是"五千五百"，然后说"万"，再说"七千"。这样 3340 5500 7000 读"三千三百四十亿五千五百万七千"，也就是说读了"3340 亿 5500 万 7000"。

例子 4：十二位数 4405660088 分成 44 0566 0088。先读 44，是"四十四"，然后说"亿"和一次"零"，再读 566，是"五百六十六"，然后说"万"和一次"零"，再读 88，是"八十八"。这样 44 0566 0088 读"四十四亿零五百六十六万零八十八"，也就是说读了"44 亿零 566 万零 88"。

例子 5：十二位数 334000007000 分成 3340 0000 7000。先读 3340，是"三千三百四十"，然后说"亿"，还说一次"零"，再读 7000，是"七千"。这样 3340 0000 7000 读"三千三百四十亿零七千"，也就是说读了"3340 亿万零 7000"。

题
1. 用汉语读 12346789 和 123555321。
2. 读 12345678、12305678、12340678、12300678、12300078、12000678、12000078。

2-5 Decimal numbers and prices

2-5 Nombres décimaux et prix

2-5 小数与价格

汉语	English	Français
整数部分 zhěngshù bùfen	integer part	partie entière
小数部分 xiǎoshù bùfèn	decimal part	partie décimale
零头 língtóu	decimal part	partie décimale
纯 chún	pure	pur
带 dài	bear, carry	porter
价格 jiàgé	price	prix
元 yuán	monetary unit	unité monétaire
块 kuài	monetary unit	unité monétaire
角 jiǎo	tenth of monetary unit	dixième d'unité monétaire
毛 máo	tenth of monetary unit	dixième d'unité monétaire
分 fēn	hundredth of monetary unit	centième d'unité monétaire

小数的读法

像 0.5，2.7，43.199，等等，这样的数叫做小数。"."叫做小数点。

小数点左边的是整数部分。比如，43.199 中的 43 是小数 43.199 的整数部分。小数点右边的是小数部分，也叫"零头"。比如，43.199 中的 199 是小数 43.199 的小数部分。

整数部分是零的小数叫做"纯小数"，比如 0.362 是纯小数。整数部分不是零的小数叫做"带小数"，比如 5.81 是带小数。

小数部分读像号码。比如，小数 53.53 读"五十三点五三"。小数 0.314 读"零点三一四"，数字 1 也可以读"yāo（幺）"，这样 0.314 就读"零点三幺四"。

价格的读法

如果一个价格带小数，那么读小数部分要用"角"字和"分"字，这样"39.55 元"读，"三十九元五角五分"或"三十九元五角五"。口语中，"元"也可以说"块"，"角"也可以说"毛"。

价格"39.05 元"读"三十九元零五分"，要说"零"。因为要说"零"，所以也可以不说"分"字读"三十九元零五"，我们还是知道"五"是分数位。

价格"39.50 元"也可以读"三十九元五角"。不过也可以读"三十九元五"，因为没说"零"，所以我们知道"五"是角位数，而不是分位数。

题

1. 读小数 3.1415、67.314、5089.17、890.91。
2. 读价格 3.14 元、99.99 元、589.50 元、3.95 元、4.05 元、4.50 元、4.55 元。

3. Arithmetics

3. Arithmétique

3. 算术

3-1 Addition and substraction

3-1 Addition et soustraction

3-1 加法与减法

汉语	English	Français
算术 suànshù	arithmetic	arithmétique
加法 jiāfǎ	addition	addition
减法 jiǎnfǎ	subtraction	soustraction
和 hé	sum	somme
差 chā	difference	différence
结果 jiéguǒ	result	résultat
符号 fúhào	symbol	symbole
加号 jiāhào	plus sign	signe d'addition
满足 mǎnzú	satisfy	satisfaire
律 lǜ	law	loi
结合 jiéhé	unite, combine	combiner, unir
结合律 jiéhé lǜ	associative property	associativité
交换 jiāohuàn	exchange	échanger
交换律 jiāohuàn lǜ	commutative property	commutativité
减号 jiǎnhào	minus sign	signe de soustraction
负号 fùhào	minus sign	signe moins
项 xiàng	term	terme
运算 yùnsuàn	operation, perform	opération, effectuer
四则运算 sì zé yùnsuàn	four arithmetic operations	les quatre opérations
逆运算 nì yùnsuàn	opposite operations	opérations contraires
温度 wēndù	temperature	température
零下 língxià	below zero	au-dessous de zéro
度 dù	degree	degré

加法

　　$a+b$ 读 "a 加 b"。符号 "+" 是 "加号"。加法的结果叫 "和"，所以 $a+b$ 也读 "a 与 b 的和"。

加法是"可交换"的运算，也就是说它满足"交换律"。加法的"交换律"是 $a + b = b + a$。

加法是"可结合"的运算，也就是说它满足"结合律"。加法的"结合律"是 $(a + b) + c = a + (b + c)$，那么可以去括号写 $a + b + c$。

减法

$a - b$ 读 "a 减 b"。符号 "$-$" 是"减号"。减法的结果叫"差"，所以 $a - b$ 也读"a 与 b 的差"。

加法与减法是"四则运算"中的两个运算。加法与减法是逆运算，也就是说，因为 $5 + 2 = 7$，所以 $7 - 5 = 2$，并且 $7 - 2 = 5$。

相反数、正数与负数

$-a$ 是 a 的相反数，比如 -3 是 3 的相反数，3 是 -3 的相反数。两个相反数的和等于 0。

-3 比 0 小，它是一个"负数"，它读"负三"。3 比 0 大，它是一个"正数"，它读"正三"或"三"。如果负数表示温度，那么要说"零下"，不说"负"，比如 $-3°$ 读"零下 3 度"。

题
1. 读 "$5 + 8 - 5 = 8$"。-5 与 5 的和是多少？
2. 一个正数的相反数是一个负数吗？一个负数的相反数是一个负数吗？
3. 写出关于 x 的数量：（1）x 与 3 的差。（2）10 与 x 的和的相反数。

3-2 Multiplication

3-2 Multiplication

3-2 乘法

汉语	English	Français
乘法 chéngfǎ	multiplication	multiplication
积数 jīshù	product	produit
乘积 chéngjī	product	produit
乘号 chénghào	multiplication sign	signe de multiplication
满足 mǎnzú	satisfy	satisfaire
律 lǜ	law	loi
结合 jiéhé	unite, combine	combiner, unir
结合律 jiéhé lǜ	associative property	associativité
交换 jiāohuàn	exchange	échanger
交换律 jiāohuàn lǜ	commutative property	commutativité
九九口诀 jiǔ jiǔ kǒujué	multiplication table	table de multiplication
口诀 kǒujué	mnemonic, verbal routine	mnémonique, comptine mnémonique

乘法与乘积

$a \times b$ 读 "a 乘 b"。符号 "×" 是 "乘号"。乘法的结果叫乘积、"积" 或 "积数"。所以 $a \times b$ 也读 "a 与 b 的乘积" 或 "a 与 b 的积"。

乘法是 "可交换" 的运算，也就是说它满足 "交换律"。乘法的 "交换律" 是 $a \times b = b \times a$。

乘法是 "可结合" 的运算，也就是说它满足 "结合律"。乘法的 "结合律" 是 $(a \times b) \times c = a \times (b \times c)$，那么可以去括号写 $a \times b \times c$。

九九口诀

乘法是四则运算中的一个运算。运算一个乘法可以用 "九九口诀"，从 "一一得一"（是 $1 \times 1 = 1$ 的意思），到 "九九八十一"（是 $9 \times 9 = 81$ 的意思）。

一一得一		
一二得二	二二得四	
一三	二三	三三

得三	得六	得九						
一四 得四	二四 得八	三四 十二	四四 十六					
一五 得五	二五 一十	三五 十五	四五 二十	五五 二十五				
一六 得六	二六 十二	三六 十八	四六 二十四	五六 三十	六六 三十六			
一七 得七	二七 十四	三七 二十一	四七 二十八	五七 三十五	六七 四十二	七七 四十九		
一八 得八	二八 十六	三八 二十四	四八 三十二	五八 四十	六八 四十八	七八 五十六	八八 六十四	
一九 得九	二九 十八	三九 二十七	四九 三十六	五九 四十五	六九 五十四	七九 六十三	八九 七十二	九九 八十一

题

1. 读九九口诀从"一一得一"到"九九八十一"。

3-3 Exponents and radicals

3-3 Puissances et racines

3-3 乘方和开方

汉语	English	Français
乘方 chéngfāng	exponentiation	exponentiation
开方 kāi fāng	take the root	prendre la racine
指数 zhǐshù	exponent	exposant
平方 píngfāng	square	carré
立方 lìfāng	cube	cube
根号 gēnhào	radical sign	radical
开平方 kāi píngfāng	extract the square root	extraire la racine carrée
开立方 kāi lìfāng	extract the cube root	extraire la racine cubique
式子 shìzi	formula	formule
对应 duìyìng	correspond	correspondre
叫做 jiàozuò	be called	s'appeler

乘方

a^2读"a的平方",也读"a的2次方",是a自乘两次的乘积。
a^3读"a的立方",也读"a的3次方",是a自乘三次的乘积。
a^n读"a的n次方",是a自乘n次得的乘积。n叫做"指数"。

开方

$\sqrt{a}$读"a开平方",也读"a开2次方"或"根号a"。$\sqrt{a}$是"a的算数平方根",是一个正数,不过要知道,a有$\sqrt{a}$与$-\sqrt{a}$两个平方根,$(\sqrt{a})^2$和$(-\sqrt{a})^2$都等于a。

$\sqrt[3]{a}$读"a开立方",也读"a开3次方"。$\sqrt[3]{a}$是"a的立方根",$(\sqrt[3]{a})^3=a$。

$\sqrt[n]{a}$读"a开n次方"。$\sqrt[n]{a}$是"a开的n次方根",$(\sqrt[n]{a})^n=a$。

题

1. 写出对应"a加b的平方"的式子。
2. 写出对应"a、b两数的和的平方减去它们差的平方"的式子。

3-4 Division

3-4 Division

3-4 除法

汉语	English	Français
除法 chúfǎ	division	division
除号 chúhào	division sign	signe de la division
除以 chú yǐ	divided by	diviser par
商 shāng	quotient	quotient
比 bǐ	ratio, scale factor	rapport
被除数 bèi chú shù	dividend	dividende
除数 chúshù	divisor	diviseur
运算 yùnsuàn	operation, perform	opération, effectuer
四则运算 sì zé yùnsuàn	four arithmetic operations	les quatre opérations
互为 hùwéi	are mutually	sont mutuellement
逆运算 nì yùnsuàn	opposite operations	opérations contraires
倒数 dàoshù	inverse	inverse
尽 jìn	end	finir
余数 yúshù	remainder	reste
整数 zhěngshù	integer	nombre entier
十进制 shíjìnzhì	decimal notation	système décimal
小数 xiǎoshù	decimal number	nombre décimal

除法

　　$a \div b$ 读 "a 除以 b"。a 是 "被除数"，b 是 "除数"（b 不等于 0），符号 "$\div$" 是 "除号"。除法 $a \div b$ 可以写成分数 $\frac{a}{b}$。除法的结果叫 "商"，"商数" 或 "比"。可以说 $a \div b$ 是 "a 与 b 的商"，也可以说 "a 与 b 的比"。

倒数

除法是"四则运算"中的一个运算。乘法与除法互为逆运算，也就是说，如果 b 不等于 0，因为 $a \div b = q$，所以 $a = q \times b$。另外，如果 a 也不等于 0，那么 $b \div a$ 是 $a \div b$ 的倒数，也就是说 $\frac{b}{a}$ 与 $\frac{a}{b}$ 互为倒数。

整除

如果 a 与 b 的商是一个整数，那么可以说"a 能被 b 整除"，"b 能除尽 a"或"b 整除 a"。可以写：被除数＝除数×商。比如，36 与 2 的商是整数 18，所以可以说"2 整除 36"或"36 可以被 2 整除"，也可以写 $36 = 2 \times 18$。

带余除法

如果不能除尽，那么除法有一个余数，可以写：被除数＝(除数×商)＋余数。比如，52 除以 6 的整商是 8，余数是 $52 - 6 \times 8 = 4$，所以可以写 $52 = (6 \times 8) + 4$。要注意的是，余数一定小于除数。

十进制除法

如果有不等于 0 的余数，那么可以继续进行除法，得到的商就是小数。比如，46 除以 7：

到个位数，商是 6，余数是 $46 - 7 \times 6 = 4$（余数是整数），

到十分位商是 6.5，可以说十分位余数是 $46 - 7 \times 6.5 = 0.5$，

到百分位，商是 6.57，可以说百分位余数是 $46 - 7 \times 6.57 = 0.01$，

等等。

题

1. 六盒牛奶一共 5.70 元。如果要知道每盒牛奶的价格，那么要怎么计算？
2. 有 3769 个人要坐大巴，每辆大巴可以坐 58 人。如果要知道一共需要多少辆大巴，那么要怎么计算？
3. 下面这些数 120；528；567；940；7215；23547；687942 能否分别被下列每个数除尽？2；3；4；5；9；10。

3-5 Multiples and factors

3-5 Multiples et facteurs

3-5 倍数和因数

汉语	English	Français
倍数 bèishù	multiple	multiple
相反地 xiāngfǎnde	conversely	inversement
因数 yīnshù	factor	facteur
因子 yīnzǐ	factor	facteur
约数 yuēshù	divisor	diviseur
公倍数 gōngbèishù	common multiple	multiple commun
奇数 jīshù	odd number	nombre impair
偶数 ǒushù	even number	nombre pair
质数 zhìshù	prime number	nombre premier
排列 páiliè	arrange	ranger
分解 fēnjiě	decompose	décomposer
因式分解 yīnshì fēnjiě	factorize	factoriser

倍数与因数

$2a$ 是 a 的两倍，$3a$ 是 a 的三倍，$4a$ 是 a 的四倍，na 是 a 的 n 倍。

因为 $15=3\times 5$，所以可以说 15 是 3 的一个倍数，15 同时也是 5 的一个倍数。相反地，因为 3 与 5 都整除 15，也可以说 3 与 5 是乘积 3×5 的两个因数，还可以说 3 与 5 都是 15 的因子或者约数。

偶数与奇数

整数 $n=0$、2、4、6、8、10、12，等等，都可以被 2 整除，它们都叫做偶数，都可以写成 $n=2k$，一个整数 k 的两倍。

整数 $n=1$、3、5、7、9、11、13，等等，如果除以 2 除到个位数，那么得到余数 1。这种整数叫做奇数，都可以写成 $n=2k+1$，一个整数 k 的两倍加 1。

质数

整数 2、3、5、7、11、13、17、19、23、29、31、37、41、43、47、53、59，等等都只能被 1 或自己整除，它们叫做质数。

每个大于 1 的正整数都可以写成质数的积，而且这些质数从小到大排列只有一个写法。比如，正整数 1911 分解成 $3\times 7^2\times 13$，可以说质数 3、7 和 13 都是 1911 的质数因子。

3-6 Greatest common divisor and least common multiple

3-6 Plus petit commun multiple et plus grand diviseur commun

3-6 最小公倍数和最大公约数

汉语	English	Français
公倍数 gōngbèishù	common multiple	multiple commun
最小公倍数 zuìxiǎo gōngbèishù	least common multiple	plus petit commun multiple
公约数 gōngyuēshù	common divisor	diviseur commun
最大公约数 zuìdà gōngyuēshù	greatest common divisor	plus grand commun diviseur
公因数 gōngyīnshù	common factor	facteur commun
最大公因数 zuìdà gōngyīnshù	greatest common divisor	plus grand commun diviseur

公倍数和最小公倍数

3 的倍数有：3、6、9、12、15、18、…

2 的倍数有：2、4、6、8、10、12、14、16、18、20、…

6，12，18 是 3 的倍数，同时也是 2 的倍数，所以我们说：6，12，18 是 3 和 2 的公倍数。其中，6 是最小的公倍数，所以我们说：6 是 3 和 2 的最小公倍数。

公约数和最大公约数

12 的约数有：1、2、3、4、6、12（是因为这些数都整除 12）。

16 的约数有：1、2、4、8、16（同样，这些数都整除 16）。

1、2、4 同时为 12 与 16 的约数，所以我们说：1、2、4 是 12 和 16 的公约数。其中，4 是最大的公约数，所以我们说：4 是 12 和 16 的最大公约数，也叫最大公因数。

题

1. 分别解释公倍数与公约数。
2. 找出 18 和 27 的公约数和最大公约数。找出 30 和 42 的最小公倍数。
3. 有一张纸，是长为 70cm、宽为 50cm 的矩形。要剪成大小相等的正方形，而又不要有多出来的纸，剪出的正方形的边长最大是多少？这样能剪出几个正方形？
4. 一班学生人数可以分成 4 人一组，也可以分成 6 人一组，都正好分完。如果这班学生的总人数小于 50 人，那么最多可能是多少人？

4. Calculations and tools for calculating

4. Calculs et outils de calcul

4. 计算与计算工具

4-1 Comparison and order

4-1 Comparaison et ordre

4-1 比较与次序

汉语	English	Français
比较 bǐjiào	compare	comparer
大小 dàxiǎo	size, magnitude	taille, grandeur
大于 dàyú	bigger than	plus grand que
小于 xiǎoyú	smaller than	plus petit que
严格 yángé	strict	stricte
等于 děngyú	equal to	égal à
等式 děngshì	equality	égalité
不等式 bùděngshì	inequality	inégalité
正数 zhèngshù	positive number	nombre positif
负数 fùshù	negative number	nombre négatif
当...时 dāng...shí	when	quand
按 àn	according to	selon
按照 ànzhào	according to	selon
次序 cìxù	order	ordre
排列 páiliè	arrange	ranger
进行 jìnxíng	do, perform	faire, effectuer
顺序 shùnxù	sequence	succession
列 liè	series	suite
数列 shùliè	series of numbers	suite de nombre

比较两个数

　　比较两个数 12 和 8 的大小，可以说"12 比 8 大"或"12 大于 8"，写作 12 > 8。也可以说"8 比 12 小"或"8 小于 12"，写作 8 < 12。

　　不等式 $a > b$ 读"a 大于 b"或"a 严格大于 b"，而 $a \geq b$ 读"a 大于等于 b"。

　　不等式 $a < b$ 读"a 小于 b"或"a 严格小于 b"，而 $a \leq b$ 读"a 小于等于 b"。

比较与加减法
　　如果 a 与 b 的差,也就是说$a-b$,是一个正数,那么$a>b$。如果$a-b$是一个负数,那么$a<b$。

比较与乘除法
　　当a与b是正数时,如果$a\div b>1$,那么$a>b$,如果$a\div b<1$,那么$a<b$。

数的次序与数列的顺序
　　一列数的顺序是它排列以后的结果。排列不一定是按照大小进行的。比如 0、1、2、3、–1、–2、–3 这一列数不是按照大小次序排列的。
　　一列数如果按照大小排列,那么有两种可能的次序,一个是从小到大这个次序,另一个是从大到小这个次序。比如,如果想改变 0、1、2、3、–1、–2、–3 这一列数的顺序,可以从小到大排列得到–3、–2、–1、0、1、2、3,也可以从大到小排列得到 3、2、1、0、–1、–2、–3。

题
1. 读3.5 < 6。说说 3.5 比 6 小多少？2. 读8 > 3.5。说说 8 比 3.5 大多少？
2. 把 5.4、6.05、5.78、7.3、6.5 和 6.7 按照大小次序从小到大排列。
3. 把 Beijing、Shanghai、Tianjin、Chongqing 四个城市的名称按照字母顺序排列。
4. 把北京、上海、天津、重庆四个城市的名称按照第一个汉字笔画多少从小到大排列。
5. 写出关于x的数量:（1）比x小 2 的数。（2）比x大 2 的数。（3）比x的 3 倍大 4 的数。

4-2 Proportionality

4-2 Proprotionnalité

4-2 成正比例

汉语	English	Français
成比例 chéng bǐlì	be proportional	être proportionnel
正比例 zhèng bǐlì	directly proportional	directement proportionnel
关系 guānxi	relation	relation
量 liàng	quantity	quantité
随着 suízhe	following	suivant
变化 biànhuà	change	changement
不变 búbiàn	constant	constant
常数 chángshù	constant quantity	constante
另一 lìngyī	the other	l'autre
表格 biǎogé	table	tableau
表示 biǎoshì	stand for, express	représenter, exprimer
行 háng	row	ligne

成正比例关系

如果两个变量的比是一个常数,那么可以说这两个变量成正比例。也可以说它们是成正比例关系的。

如果用字母 x 和 y 表示两种量,用 k 表示它们不变的比(也就是说 $k = \frac{y}{x}$ 是一个常数),那么正比例关系是 $y = k \times x$。

用表格表示成比例关系

在一个市场,每千克苹果的价格是 3.40 元,那么 3 千克和 0.5 千克的苹果的价格分别是 $3 \times 3.40 = 10.20$ 元和 $0.5 \times 3.40 = 1.70$ 元。苹果的重量和价格是一个成比例关系。

可以用一个两行表格来表示这个正比例关系:

表格

重量(千克)	1	3	0.5
价格(元)	3.40	10.20	1.70

 ×3.40

题

1. 找出生活中成正比例量的例子。

4-3 Exact and approximate values

4-3 Valeurs exactes et approchées

4-3 精确值和近似值

汉语	English	Français
值 zhí	value	valeur
精确值 jīngquè zhí	exact value	valeur exacte
正确 zhèngquè	exact	exact
近似值 jìnsì zhí	approximate value	valeur approchée
接近 jiējìn	to approach	approcher
不足 bùzú	round down	par défaut
过剩 guòshèng	round up	par excès
误差 wùchā	approximation error	erreur d'approximation
舍去 shěqù	discard	éliminer
尾数 wěishù	digits to the right of a given rank	chiffres à droite d'une position donnée
去尾法 qù wěi fǎ	truncation	troncature
进一法 jìn yī fǎ	rounding up	arrondi à la valeur supérieure
四舍五入法 sì shě wǔ rù fǎ	rounding to nearest	arrondi au plus proche

精确值与近似值

精确值是正确的值。

近似值是接近精确值的一个值，比如 $\pi \approx 3.14$ 是 π 到百分位的近似值，符号"$\approx$"读"*yuē děngyú*（约等于）"。如果近似值比精确值小，那么是不足近似值。反而，如果近似值比精确值大，那么是过剩近似值。近似值与精确值的差叫做误差。

舍去尾数的方法

去尾法是把一个数某位后面的数字舍去。比如，9.528 到百分位的近似值是 9.52。用去尾法总是得到不足近似值。

进一法是把一个数某位后面的数字舍去，然后保留的部分的最后一位数字上进 1。比如，9.528 到百分位的近似值是 9.53，而 9.524 到百分位的近似值也是 9.53。用进一法总是得到过剩近似值。

四舍五入法是把一个数某位后面的数字舍去，然后被舍去尾数的最高位上的数字如果大于或等于 5，就向它的前一位进 1。比如，9.528 到百分位的近似值是 9.53，而 9.524 到百分位的近似值是 9.52。

题

1. 介绍一些舍去尾数的方法，并说明得到的近似值是过剩近似值或不足近似值。

4-4 Algorithms and computers

4-4 Algorithmes et ordinateurs

4-4 算法与电脑

汉语	English	Français
算法 suànfǎ	algorithm	algorithme
步骤 bùzhòu	step	étape
输入 shūrù	input	entrée
初值 chū zhí	initial value	valeur initiale
输出 shūchū	output	sortie
列表 lièbiǎo	list	liste
表示 biǎoshì	stand for, express	représenter, exprimer
程序 chéngxù	program	programme
电脑 diànnǎo	computer	ordinateur
计算机 jìsuànjī	computer	ordinateur
是指 shì zhǐ	to refer to	désigner
硬件 yìngjiàn	hardware	matériel informatique
零件 língjiàn	component	pièce
软件 ruǎnjiàn	software	logiciel
文件 wénjiàn	document, file	document, fichier
指令 zhǐlìng	command	instruction
表格 biǎogé	table	tableau
电子表格 diànzǐ biǎogé	spreadsheet software	tableur
行 háng	row	ligne
列 liè	column	colonne
单元格 dānyuán gé	cell	cellule
显示 xiǎnshì	display	afficher
数据 shùjù	data	donnée
试算表 shìsuànbiǎo	spreadsheet	feuille de calcul
几何 jǐhé	geometry	géométrie
动态 dòngtài	dynamic	dynamique
作图 zuò tú	draw a draft	faire une figure

算法

算法是一个运算的具体步骤。算法用计算列表表示。给算法提供的初值叫输入，算法运算出的结果叫输出。可以把算法写成程序。

电脑
　　电脑就是计算机。电脑硬件是指计算机本身，包括电脑中所有零件。
　　电脑软件是指计算机中的程序和文件。程序是提供给计算机的一组指令。数学软件包括电子表格、动态几何软件，等软件。
　　电子表格可以在表格的行、列和单元格中显示数据。
　　动态几何软件可以作动态图。

4-5 Abacuses

4-5 Boulier

4-5 算盘与珠算

汉语	English	Français
算盘 suànpán	abacus	boulier
珠算 zhūsuàn	calculation with an abacus	calcul au boulier
横 héng	horizontal (in space or a plane)	horizontal (dans l'espace ou un plan)
纵 zòng	perpendicular to the horizontal (in a plane)	perpendiculaire à l'horizontale (dans un plan)
梁 liáng	beam	poutre
珠子 zhūzi	bead	perle
档 dàng	bar	barreau
运算 yùnsuàn	operation, perform	opération, effectuer
运算四则 yùnsuàn sì zé	perform the four arithmetic operations	effectuer les quatre opérations
笔算 bǐsuàn	written calculation	calcul écrit, calcul posé
心算 xīnsuàn	mental calculation	calcul mental
记数 jìshù	numeral notation	notation numérique
位置制 wèizhi zhì	positional notation	notation positionnelle
十进制 shíjìnzhì	decimal notation	système décimal
表示 biǎoshì	stand for, express	représenter, exprimer
显示 xiǎnshì	display	afficher

珠算

用算盘计算叫"珠算",是公元 14 世纪在中国发展的。用文字计算叫"笔算"。在心里计算叫"心算"。

算盘的"档"和"珠"

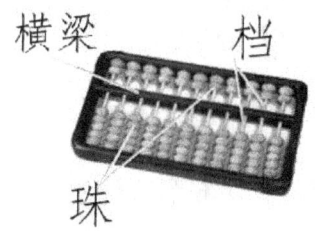

算盘中间有一个"横梁"把算盘分上面与下面两个部分。"纵梁"上有"珠子","纵梁"叫做"档"。用算盘可以表示整数并进行四则运算。

有不同的算盘,有的是上二珠、下五珠(以上图就是这样),有的上一珠、下四珠(看以下图)。

用算盘表示数

算盘的每一个档上,上珠是 5,下珠是 1。以下图,从左到右显示 1、2、3、4、5、6、7、8 及 9 九个数字。也显示 123456789 一个九位数,用算盘记数是一个十进制的位置值。

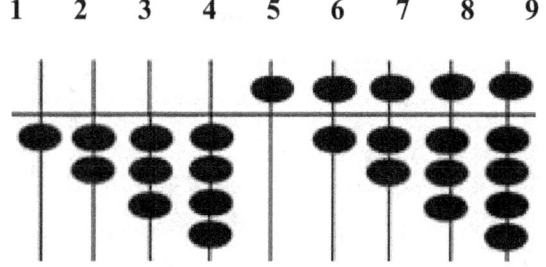

题:1. 算盘上显示的数是( )。

A. 52 B. 25 C. 21 D. 12

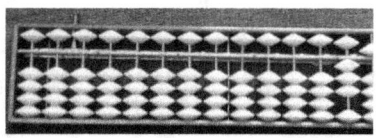
A. 313 B. 353 C. 357 D. 753

4-6 Mnemonics for the addition on an abacus

4-6 Mnémoniques de l'additions au boulier

4-6 珠算的加法口诀

汉语	English	Français
口诀 kǒujué	mnemonic, verbal routine	mnémonique, comptine mnémonique
满 mǎn	complete	compléter
破 pò	break	casser
进位 jìn wèi	pass to higher position	passer au rang supérieur
直接 zhíjiē	directly	directement
原来 yuánlái	initially	initialement

加法口诀表

要加上的数	可以用的口诀			
	不进位的加 *bù jìn wèi de jiā*		进位的加 *jìn wèi de jiā*	
	直加 *zhí jiā*	满五加 *mǎn wǔ jiā*	进十加 *jìn shí jiā*	破五进十加 *pò wǔ jìn shí jiā*
1	一上一	一下五去四	一去九进一	
2	二上二	二下五去三	二去八进一	
3	三上三	三下五去二	三去七进一	
4	四上四	四下五去一	四去六进一	
5	五上五		五去五进一	
6	六上六		六去四进一	六上一去五进一
7	七上七		七去三进一	七上二去五进一
8	八上八		八去二进一	八上三去五进一
9	九上九		九去一进一	九上四去五进一

用珠算加法口诀例子1：有1，要加上3，用直加口诀"三上三"。

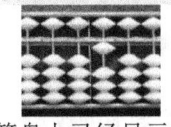
算盘上已经显示1

再上3个珠子，等于加上3，现在显示4

用珠算加法口诀例子2：有2，要加上4，用满五加口诀"四下五去一"。

算盘上已经显示2

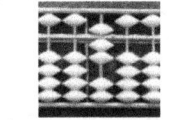
下表示5的珠子，等于加上5，现在显示7

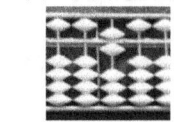
再去下面的一个珠子，等于减去1，现在显示6

用珠算加法口诀例子3：有7，要加上8，用十进加口诀"八去二进一"。

算盘上已经显示7

去下面2个珠子，等于减去2，现在显示5

再上左边一个珠子，等于加上10，现在显示15

题

1. 算盘上显示7，要加上6，用破五进十加口诀"六上一去五进一"得到13。画出运用口诀时每一步的显示。

| 算盘上已经显示7 | 上下面1个珠子，等于加上1 | 去上面1个珠子，等于减去5 | 上左边一个珠子，等于加上10 |

2.算盘上所显示的数是25，现在要做加法25+7，要用的加法口诀是（　）。
A.七上七　　　B.七上二去五进一　　　C.七去三进一　　D.三去七进一
3.如果算盘上显示9，要加上7，那么可以用哪个口诀？
4.如果算盘上显示7，要加上9，那么可以用哪个口诀？

4-7 Mnemonics for the subtraction on an abacus

4-7 Mnémoniques de la soustraction au boulier

4-7 珠算的减法口诀

汉语	English	Français
退 tuì	withdraw	retirer
还 huán	return	rendre
补 bǔ	complete	compléter

减法口诀表

要减去的数	可以用的口诀			
	不退位减 bù tuì wèi jiǎn		退位减 tuì wèi jiǎn	
	直减 zhí jiǎn	破五减 pò wǔ jiǎn	退位减 tuì wèi jiǎn	退十补五的减 tuì shí bǔ wǔ jiǎn
1	一下一	一上四去五	一退一还九	
2	二下二	二上三去五	二退一还八	
3	三下三	三上二去五	三退一还七	
4	四下四	四上一去五	四退一还六	
5	五下五		五退一还五	
6	六下六		六退一还四	六退一还五去一
7	七下七		七退一还三	七退一还五去二
8	八下八		八退一还二	八退一还五去三
9	九下九		九退一还一	九退一还五去四

用珠算减法口诀例子1：有4，要减去3，用直减口诀"三下三"。

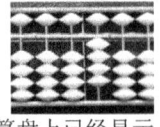
算盘上已经显示4

再去3个珠子，等于减去3，现在显示1

用珠算减法口诀例子2：有6，要减去4，用破五减口诀"四上一去五"。

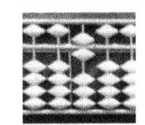

算盘上已经显示 6

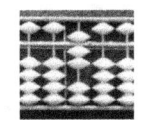

上下面 1 个珠子，等于加上 1，现在显示 7

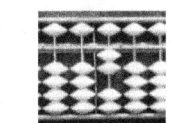

再去表示 5 的珠子，等于减去 5，现在显示 2

用珠算减法口诀例子 3：有 31，要减去 4，用退位减口诀"四退一还六"。

算盘上已经显示 31

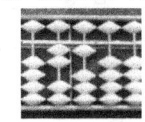

退左边的 1 个珠子，等于减去 10，现在显示 21

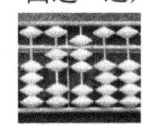

再下表示 5 的珠子，并上表示 1 的珠子，等于加上 6，现在显示 27

题

1. 算盘上显示 27，要减去 9，用退位减口诀"九退一还一"得到 18。画出运用口诀时每一步的显示。

| 算盘上已经显示 27 | 退左边 1 个珠子，等于减去 10 | 右边上 1 个珠子，等于加上 1 |

2. 算盘上显示 27，要减去 8，用退十补五的减口诀"八退一还五去三"得到 19。画出运用口诀时每一步的显示。

| 算盘上已经显示 27 | 退左边 1 个珠子，等于减去 10 | 右边下表示 5 的珠子，等于加上 5 | 再去表示 1 的 3 个珠子，等于减去 3 |

3. 如果算盘上显示 9，要减去 7，那么可以用哪个口诀？

4-8 Counting rods

4-8 Bâtonnets de calculs

4-8 算筹与筹算

汉语	English	Français
算筹 suànchóu	counting rods	bâtonnets de calcul
棍子 gùnzi	rod	bâton
符号 fúhào	symbol	symbole
筹算 chóusuàn	calculation with counting rods	calcul avec des bâtonnets
运算 yùnsuàn	operation, perform	opération, effectuer
运算四则 yùnsuàn sì zé	perform the four arithmetic operations	effectuer les quatre opérations
横 héng	horizontal (in space or a plane)	horizontal (dans l'espace ou un plan)
纵 zòng	perpendicular to the horizontal (in a plane)	perpendiculaire à l'horizontale (dans un plan)
记数 jìshù	numeral notation	notation numérique
位置制 wèizhi zhì	positional notation	notation positionnelle
十进制 shíjìnzhì	decimal notation	système décimal
表示 biǎoshì	stand for, express	représenter, exprimer
显示 xiǎnshì	display	afficher

算筹

算筹是一种小棍子，放在一个平面上可以表示整数并进行四则运算。在平面上显示两行可以表示分数和方程组。用"算筹"计算叫做"筹算"。

用算筹表示数

用算筹记数是一个十进制的位置制。表示数字时，要用两个系列的符号，一个是横符号，一个是纵符号。

1	2	3	4	5	6	7	8	9

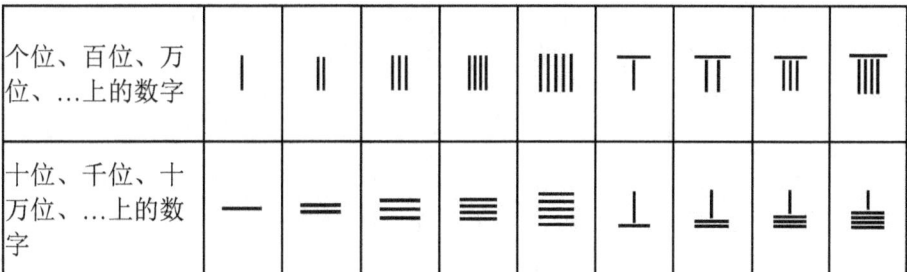

比如，
371 要用 ⦀ ⊥ ∣ 来表示，而 3710 要用 ☰ ⊤ — 。

可是 ⦀ ⊥ ∣ 也可以表示 37100 或 3710000。

另外 ☰ ⊤ — 也可以表示 371000，等等。

筹算的历史

"筹算"是用"算筹"计算，这个计算方式是在中国古代发明的，可能公元前第 6 世纪已经有。后来传到朝鲜和日本。从 14 世纪开始慢慢在中国失传了，可保留在朝鲜半岛和日本。

题：
1. 以下算筹表示多少？

☰ ∥ —

A. 123 B. 321 C. 302010 D. 3210

2. 下列筹算减法有错误的是( )

5. Fractions

5. Fractions

5. 分数

5-1 Proper fractions, improper fractions and mixed numbers

5-1 Fractions propres et impropres, nombres mixtes

5-1 真分数、假分数和带分数

汉语	English	Français
把 A 写成 B bǎ A xiěchéng B	write A as B	écrire A sous la forme B
和 hé	sum	somme
分数 fēnshù	fraction	fraction
分母 fēnmǔ	denominator	dénominateur
分子 fēnzǐ	numerator	numérateur
真 zhēn	true	vrai
真分数 zhēn fēnshù	proper fraction	fraction propre
假 jiǎ	false	faux
假分数 jiǎ fēnshù	improper fraction	fraction impropre
带 dài	bear, carry	porter
带分数 dài fēnshù	mixed number	nombre mixte
又 yòu	and	et
一半 yībàn	one half	un demi
意味着 yìwèizhe	mean, imply	signifier

分数的分子与分母

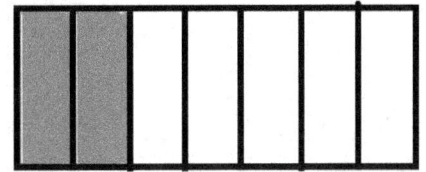 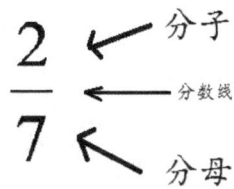

分数$\frac{2}{7}$读"七分之二"。分数$\frac{2}{7}$的分子是2,分母是7。
分数$\frac{1}{2}$可以读"二分之一",也可以读"一半"。

真分数和假分数

像$\frac{2}{7}$,大于0小于1的分数叫做真分数。
像$\frac{23}{7}$,大于1的分数叫做假分数。

题
1. 分别解释真分数、假分数和带分数。
2. 解释怎么把一个假分数写成带分数。例子:

分数$\frac{23}{7}$是一个假分数因为它的分子23比分母7大,也就是说分数$\frac{23}{7}$比1大。23除以7的整商是3,所以分数的整数部分是3,然后可以计算它的小数部分,是$\frac{23}{7} - 3 = \frac{2}{7}$。分数$\frac{2}{7}$是一个真分数因为它的分子2比分母7小,也就是说分数$\frac{2}{7}$比1小。

我们可以把假分数$\frac{23}{7}$写成带分数 $3\frac{2}{7}$,带分数是一个整数与一个真分数的和。

带分数 $3\frac{2}{7}$读"三又七分之二",要注意在这里 $3\frac{2}{7}$意味着和数 $3+\frac{2}{7}$,而不是乘积$3\times\frac{2}{7}$。

5-2 Percentages

5-2 Pourcentages

5-2 百分比

汉语	English	Français
百分比 bǎifēnbǐ	percentage	pourcentage
减少 jiǎnshǎo	decrease	diminuer
增加 zēngjiā	increase	augmenter
某 mǒu	some, certain	un certain
占 zhàn	account for	représenter

读百分比

1%读"百分之一",可是分数$\frac{1}{100}$读"一百分之一"。

0.5%读"百分之零点五"。

50%读"百分之五十"。

75%读"百分之七十五"。

100%读"百分之一百",也可以读"百分之百"。

用百分比

说在某国家人口中,城市人口"占"百分之六十,农村人口"占"百分之四十。也说这个国家"百分之六十人口"在城市里,"百分之四十人口"在农村。

如果人口数量是八千万,那么"百分之四十人口"等于$8 \times 10^7 \times \frac{40}{100}$,也就是三千二百万。

题

1. a) 某城市人口是 6 百万,百分之十人口是多少?百分之九十人口是多少?

   b) 某城市人口是 6 百万,人口减少百分之十以后,人口是多少?

   c) 某城市人口是 6 百万,人口增加百分之十以后,人口是多少?

2. 在一次选举中,有 7300 选民投票,X 先生得票的百分比是 45%,那么他一共得多少张选票?

5-3 Reduction of fractions

5-3 Réduction des fractions

5-3 约分和通分，

汉语	English	Français
约分 yuē fēn	reduce a fraction	réduire une fraction
最简分数 zuì jiǎn fēnshù	irreducible fraction	fraction irréductible
扩分 kuò fēn	multiply numerator and denominator by the same integer	multiplier numérateur et dénominateur par un même entier
通分 tōng fēn	reduce to a common denominator	réduire au même dénominateur

约分

　　约分是把一个分数的分子和分母同除以它们比 1 大的公因数。约分后得到的分数和原来的分数相等。比如，因为 7 是 42 和 63 的公因数，所以可以用 7 约分 $\frac{42}{63}$，这个分数约分为 $\frac{6}{9}$：$\frac{42}{63} = \frac{42 \div 7}{63 \div 7} = \frac{6}{9}$。

最简分数

　　最简分数是分子与分母只有公因数 1 的分数。比如，如果想得到 $\frac{42}{63}$ 的最简分数，那么要用分子 42 和分母 63 的最大公因数 21 约分 $\frac{42}{63}$，得到 $\frac{2}{3}$。

扩分

　　扩分是把一个分数的分子和分母同乘以比 1 大的数。扩分后得到的分数和原来的分数相等。比如，可以用 7 扩分 $\frac{6}{9}$，得到 $\frac{6}{9} = \frac{6 \times 7}{9 \times 7} = \frac{42}{63}$。

通分

　　通分是利用约分或扩分，把分母不同的两个或多个分数，分别化为同分母的分数。比如，把 $\frac{2}{7}$ 用因数 2 扩分为 $\frac{4}{14}$，把 $\frac{18}{42}$ 用因数 3 约分为 $\frac{6}{14}$，就通分了 $\frac{2}{7}$ 和 $\frac{18}{42}$。

5-4 Adding, subtracting, multiplying and dividing fractions

5-4 Addition, soustraction, multiplication et division des fractions

5-4 分数的加减法和乘除法

汉语	English	Français
同 tóng	identical	identique
异 yì	different	différent
相加 xiāngjiā	add	s'additionner
相减 xiāngjiǎn	subtract	se soustraire
变 biàn	change	changer
占 zhàn	occupy	occuper

分数加减法

同分母分数相加减，分母不变，分子相加减。例如：$\frac{1}{5}+\frac{2}{5}=\frac{3}{5}$。

异分母分数相加减，要先通分为同分母分数后，再相加减。例如：$\frac{2}{5}+\frac{3}{4}$写成$\frac{8}{20}+\frac{15}{20}=\frac{23}{20}$（然后$\frac{23}{20}$可以写成带分数$1\frac{3}{20}$，读"1又20分之3"）。

分数乘除法

分数相乘，分子与分子相乘，分母与分母也相乘。

除以一个分数就是乘以这个分数的倒数。

题

1. 小英学习和睡觉的时间各占一天时间的$\frac{1}{4}$和$\frac{3}{8}$。

（1）小英每天学习的时间多还是睡觉的时间多？

（2）除了学习和睡觉以外，小英做别的事情的时间占一天时间的几分之几？

6. Algebra and equations

6. Algèbre et équations

6. 代数式和方程

6-1 Algebra and variables

6-1 Algèbre et variables

6-1 代数式和变量

汉语	English	Français
代数 dàishù	algebra	algèbre
字母 zìmǔ	letter	lettre
常数 chángshù	constant quantity	constante
变量 biànliàng	variable	variable
表示 biǎoshì	stand for, express	représenter, exprimer
表达 biǎodá	express	exprimer
表达式 biǎodáshì	expression	expression
代数式 dàishùshì	algebraic expression	expression algébrique
式子 shìzi	formula	formule
项 xiàng	term	terme
多项式 duōxiàngshì	polynomial	polynôme
指数 zhǐshù	exponent	exposant
合并 hébìng	regroup, reduce	regrouper, réduire
同类项 tónglèi xiàng	terms with the same exponent of a same variable	termes avec la même puissance d'une même variable
化简 huàjiǎn	simplify	simplifier
一元 yī yuán	with one unknown	à une inconnue
二次 èr cì	second degree	second degré
括号 kuòhào	bracket	parenthèse
左 zuǒ	left	gauche
右 yòu	right	droite

代数式与变量

代数式是用字母表示常数或变量的表达式。

一个代数式可以为一个多项式，也就是说一些项的和，比如 $3x^2 + 4x + 2x^2$ 是 $3x^2$、$4x$ 与 $2x^2$ 那三个项的和。可以把 $3x^2 + 4x + 2x^2$ 写成 $4x + 5x^2$，这叫做"合并同类项"，是化简代数式的一个方法。

一个代数式可以为一些因数或因式的乘积，比如 $(2x - 1)(x + 3)$ 是两个因式 $2x - 1$ 与 $x + 3$ 的乘积。

另外，以上 $3x^2 + 4x + 2x^2$ 和 $(2x - 1)(x + 3)$ 两个代数式都只含有一个变量 x，所以叫"一元"式子。而且因为变量的最大指数是 2，所以也叫"二次"式子。

读括号

$(b + c)$ 读"左括号 b 加 c 右括号"，也读"括号里 b 加 c"。

$(\ldots)$ 叫"小括号"，也叫"圆括号"。

$[\ldots]$ 叫"中括号"，也叫"方括号"。

$\{\ldots\}$ 叫"大括号"，也叫"花括号"。

题

1. 用汉语读 $a^2 + b^2$、$(a + b)^2$、$(a + b)^2 - 2$、$(a + b)^2 - (a - b)^2$。
2. 用汉语读"$(a + b)^2$ 等于 $a^2 + 2ab + b^2$，而不等于 $a^2 + b^2$"。
3. 用汉语读 $(a + b)^3 = a^3 + 3a^2b + 3ab^3 + b^3$ 和 $(a - b)^3 = a^3 - 3a^2b + 3ab^3 - b^3$。计算 $(a + b)^3 - (a - b)^3$ 等于什么，并读结果。
4. 写出式子：a) a 与 b 的和的平方。b) a 与加 b 的平方。c) a、b 两数的和的平方减去它们差的平方。d) x 与五分之二的和的三倍。e) a 平方与 b 平方的和。f) x 的两倍与 y 的三倍的差 g) x 的四倍与 y 的五倍的和。

6-2 Equalities and inequalities

6-2 Égalités et inégalités

6-2 等式和不等式

汉语	English	Français
定义 dìngyì	definition	définition
性质 xìngzhì	characteristic, property	caractéristique, propriété
等式 děngshì	equality	égalité
不等式 bùděngshì	inequality	inégalité
记作 jìzuò	be written	se note, être noté
相等 xiāngděng	equal	égaux
等号 děnghào	equals sign	signe égal
关系 guānxi	relation	relation
两边 liǎngbiān	both sides	les deux côté
即 jí	that is	c'est-à-dire
若…，则… ruò…，zé…	if…, then…	si…, alors…
严格 yángé	strict	stricte
非 fēi	not, non-	non
且 qiě	and, moreover	et, de plus
方向 fāngxiàng	direction, orientation	direction, orientation
改变 gǎibiàn	change	changer

等式的定义与性质

　　一个等式是用等号"="来表示相等关系的式子，比如 $a+b=c+d$。
等式两边都加上（或减去）同一个数，得到的结果还是等式。即：
　　　　若 $a=b$，则 $a+c=b+c$；
　　　　若 $a=b$，则 $a-c=b-c$。
等式两边都乘以同一个数，得到的结果还是等式。即：
　　　　若 $a=b$，则 $a\times c=b\times c$。

　　等式两边都除以同一个数（除数不能为零），得到的结果还是等式。即：
　　　　若 $a=b$，则 $a/c=b/c$（$c\neq 0$）。

不等式的定义与性质

一个不等式是用不等号"≠"表示不等关系的式子。

严格不等式有"a 大于 b",记作 $a > b$。也有"a 小于 b",记作 $a < b$。还有"a 不等于 b",记作 $a \neq b$。

非严格不等式有"a 大于或等于 b"(或"a 不小于 b"),记作 $a \geq b$。还有"a 小于或等于 b"(或"a 不大于 b"),记作 $a \leq b$。

不等式两边都加上(或减去)同一个数,不等号的方向不变,即:

若 $a < b$,则 $a + c < b + c$;

若 $a < b$,则 $a - c < b - c$。

不等式两边都乘以(或除以)同一个正数,不等号的方向不变,即:

若 $a < b$ 且 $c > 0$,则 $a \times c < b \times c$;

若 $a < b$ 且 $c > 0$,则 $a/c < b/c$。

不等式两边都乘以(或除以)同一个负数,不等号的方向改变,即:

若 $a < b$ 且 $c < 0$,则 $a \times c > b \times c$;

若 $a < b$ 且 $c < 0$,则 $a/c > b/c$。

题

1. 写出关于 x 的等式:(1)x 的 $\frac{1}{5}$ 与 3 的差是 28。(2)10 与 x 的和的相反数等于 x 的两倍。(3)比 x 小 2 的数等于 32。(4)比 x 的 3 倍大 4 的数等于比 x 小 2 的数。

6-3 Factorization and development

6-3 Factorisation et développement

6-3 因式分解与展开

汉语	English	Français
等式 děngshì	equality	égalité
叫做 jiàozuò	be called	s'appeler
分配 fēnpèi	distribute	distribuer
律 lǜ	law	loi
分配律 fēnpèi lǜ	distributive property	distributivité
运算 yùnsuàn	operation, perform	opération, effectuer
满足 mǎnzú	satisfy	satisfaire
分解 fēnjiě	decompose	décomposer
公因数分解 gōngyīnshù fēnjiě	factorize	factoriser
因式分解 yīnshì fēnjiě	factorize	factoriser
式子 shìzi	formula	formule
展开 zhǎnkāi	distribute (a product); unfold (a solid)	développer (un produit ou un solide)
矩形 jǔxíng	rectangle	rectangle
长 cháng	length	longueur
宽 kuān	width	largeur
面积 miànjī	surface area	aire
意味着 yìwèizhe	mean, imply	signifier
看为 kànwéi	view as	considérer comme

分解

代数式 $2 \times a + 2 \times b$ 是 a 与 b 分别与 2 的乘积的和，一般就写 $2a + 2b$。在式子 $2a + 2b$ 中有 2 作为公因数，那么可以公因数分解这个式子，把它写成 $2(a + b)$。

展开

代数式 $2(a + b)$ 是 a 与 b 的和与 2 的乘积。在这个式子中可以分配因数 2 写出 $2a + 2b$，这叫展开式子 $2(a + b)$。

分配律

等式 $2(a + b) = 2a + 2b$ 或 $2a + 2b = 2(a + b)$ 都代表做分配律，是运算满足的一种性质。

可以把分配率看为计算一个矩形面积的两种不同的办法：

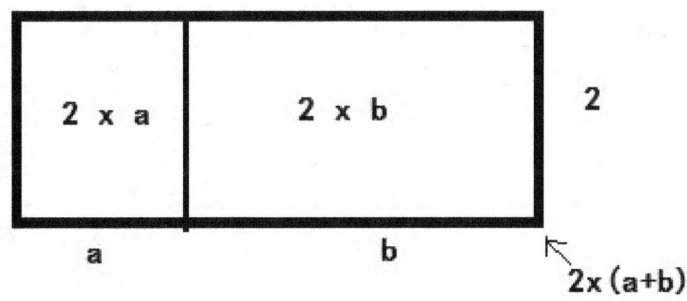

式子 $2(a + b)$ 意味着先计算长 $a + b$，再乘以宽 2，而式子 $2a + 2b$ 意味着先分别计算两个小矩形的面积，再把它们加起来。

题

1. 讲一讲怎么用分配率去掉一个代数式的括号。

6-4 Identities and equations

6-4 Identités et équations

6-4 恒等式和方程

汉语	English	Français
方程 fāngchéng	equation	équation
恒等式 héng děngshì	identity (equality)	identité (égalité)
变量 biànliàng	variable	variable
取值 qǔ zhí	take a value	prendre une valeur
无论 wúlùn	whatever	quelque soit
如何 rúhé	how	comment
永远 yǒngyuǎn	always	toujours
成立 chénglì	to be true	être vrai
关于x的方程 guānyú x de fāngchéng	equation of unknown x	équation d'inconnue x
未知数 wèizhīshù	unknown	inconnue
除非 chúfēi	unless	sauf si
解 jiě	to solve, solution	résoudre, solution
根 gēn	root, solution	racine, solution
代入 dàirù	substitute	substituer

恒等式
  一个恒等式是，无论变量如何取值，永远成立的等式。比如以下都是恒等式： 平方差 $x^2 - y^2 = (x-y)(x+y)$，
     立方差 $x^3 - y^3 = (x-y)(x^2 + xy + y^2)$。
     和平方 $(x+y)^2 = x^2 + 2xy + y^2$，
     差平方 $(x-y)^2 = x^2 - 2xy + y^2$，

$$(x \pm y)^2 = x^2 \pm 2xy + y^2$$ 叫 "完全平方公式"。

方程
  一个方程是有未知数的等式，未知数是一个我们还不知道的数值。
  如果一个等式中有一个未知数 x，那么我们说是一个关于 x 的方程。比如：

$2x - 3 = 0$是关于 x 的一元一次方程，
$x^2 - 7x + 4 = 0$是关于 x 的一元二次方程，
$2x - 5y = 3$是关于 x 和 y 的二元一次方程。

在这儿，"元"是未知数意思，"次"是次数的意思。

方程的解

除非方程是恒等式，未知数只有一个或一些数值让方程成立，这些值叫方程的解，方程的解也叫方程的根。

如果把解代入方程，那么等式的两边都相等。比如，

把 $\frac{19}{15}$ 代入方程 $-2(2x - 3) = \frac{3x-1}{3}$，

得到成立的等式 $\frac{14}{15} = \frac{14}{15}$，

所以 $x = \frac{19}{15}$ 是方程的解。

题

1. 已知 $x = -2$ 是关于未知数 x 的一元一次方程 $\frac{x+4}{2} + a - 1 = \frac{x+2}{4}$ 的解。系数 a 的值是多少？。
2. 已知 $\begin{cases} x = 2 \\ y = 1 \end{cases}$ 是关于 x 和 y 的二元一次方程 $kx - y = 3$ 的解，解释怎么得到系数 k 的值。
3. $mx^{3m-1} + 7m - 5 = 0$ 是关于 x 的一元一次方程，解释怎么得到求 m 得值，然后解这个方程。

6-5 Solving equations

6-5 Résolution d'équations

6-5 解方程

汉语	English	Français
方程 fāngchéng	equation	équation
解 jiě	to solve, solution	résoudre, solution
过程 guòchéng	process	processus
去分母 qù fēnmǔ	eliminate the denominators	éliminer les dénominateurs
去括号 qù kuòhào	eliminate the parentheses	éliminer les parenthèses
移项 yí xiàng	to move terms	déplacer les termes
合并 hébìng	regroup, reduce	regrouper, réduire
同类项 tónglèi xiàng	terms with the same exponent of a same variable	termes du même degré d'une même variable
系数 xìshù	coefficient	coefficient

解方程

解一个方程是得到这个方程的解的过程，比如：

方程$-2(2x-3)=\frac{3x-1}{3}$

去分母，得$-6(2x-3)=3x-1$

去括号，得$-12x+18=3x-1$

移项，得$-12x-3x=-18-1$

合并同类项，得$-15x=-19$

两边同时除以-15，方程的解是$x=\frac{19}{15}$。

还可以写成带分数$x=1\frac{4}{15}$。

题

1. 一个矩形的周长是26cm，一边是x，作图。x加2cm以后，另一边减去3cm，就得到一个正方形，作图。这个正方形的面积是多少？

6-6 Systems of equations

6-6 Systèmes d'équations

6-6 方程组

汉语	English	Français
方程组 fāngchéngzǔ	system of equations	système d'équations
由…组成 yóu … zǔchéng	formed of	composé de …
二元一次 èr yuán yīcì	linear in two variables	du premier degré à deux inconnues
次数 cìshù	number of times, degree	nombre d'occurrences, degré
指数 zhǐshù	exponent	exposant
唯一 wéiyī	unique	unique
无限 wúxiàn	unlimited, unbounded	infini, illimité
消元 xiāo yuán	eliminate an unknown	éliminer une inconnue
消去 xiāoqù	eliminate	éliminer
过程 guòchéng	process	processus
代入 dàirù	substitute	substituer
某 mǒu	some, certain	un certain
另一 lìngyī	the other	l'autre

二元一次方程组

一个"二元一次方程组"是由两个"二元一次方程"组成的一列方程，"二元"的意思是说有两个未知数。"一次"的意思是说两未知数的指数是 1。比如，方程组 $\begin{cases} -2x+y=5 \\ x+3y=7 \end{cases}$ 是由 $-2x+y=5$ 和 $x+3y=7$ 两个二元一次方程组成的，未知数是 x 与 y。

解二元一次方程组

二元一次方程组一般有唯一一个解。在特别的情况下，或者没有解，或者有无限个解。

为了解一个二元一次方程组，要先消去两个未知数其中的一个，这样把"二元"变为"一元"，得到一个我们会解的"一元一次方程"。解了这个一元一次方程以后，我们得到一个未知数的值。如果消去了 x，那么得到 y 的值。如果消去了 y，那么得到 x 的值。

然后为了得到第二个未知数的值，有两个方法。第一个方法是，把已知未知数值代入方程组的一个方程（哪一个方程都可以），这样可以计算第二个未知数的值。另一个方法是，回到原来的方程组，消去已知未知数，得到新的一个一元一次方程，解它，得到第二个未知数的值。

为了消去一个未知数要用一个"消元法"，"消元法"的"消"是"消去"的意思，"元"是"未知数"的意思。

6-7 Elimination methods

6-7 Méthodes d'élimination

6-7 消元法

汉语	English	Français
消元 xiāo yuán	eliminate an unknown	éliminer une inconnue
消去 xiāoqù	eliminate	éliminer
过程 guòchéng	process	processus
代入 dàirù	substitute	substituer
代入法 dàirù fǎ	method by substitution	méthode par substitution
加减法 jiājiǎn fǎ	method of linear combination	méthode de combinaison linéaire
某 mǒu	some, certain	un certain
另一 lìngyī	the other	l'autre
代数式 dàishù shì	algebraic expression	expression algébrique
表示 biǎoshì	stand for, express	représenter, exprimer
系数 xìshù	coefficient	coefficient

代入消元法

"代入消元法"也叫"代入法"。这个消元法的过程是，先把方程组中一个方程的某个未知数用另一个未知数的代数式表示出来，然后代入另一个方程中，这样消去一个未知数，得到一个一元一次方程。比如，方程组 $\begin{cases} -2x + y = 5 \\ x + 3y = 7 \end{cases}$ 的第一个二元一次方程 $-2x + y = 5$ 可以写成 $y = 2x + 5$，是 y 关于 x 的代数式，然后代入第二个方程 $x + 3y = 7$，得到一元一次方程 $x + 3(2x + 5) = 7$，解这个方程得到 $x = -\frac{8}{7}$。最后求 y 的值，$y = \frac{19}{7}$。

加减消元法

"加减消元法"也叫"加减法"。这个消元法的过程是，先把方程组中的某个未知数的系数化成相反的数，再把两个方程加起来，这样消去一个未知数。比如，方程组 $\begin{cases} -2x + y = 5 \\ x + 3y = 7 \end{cases}$ 的第二个二元一次方程 $x + 3y = 7$ 两边乘以 2，得到 $2x + 6y = 14$，再与方程组的第一个方程 $-2x + y = 5$ 加起来消去未知数 x，得到一元一次方程 $y + 6y = 5 + 14$，解这个方程得到 $y = 19/7$。最后求 x 的值，$x = -8/7$。

也可以把某个未知数的系数化成相等的数，然后就要用减法消去这个未知数。

题

1. 讲一讲什么是一个二元一次方程组，并讲一讲怎么解它。
2. 解释什么是一个三元一次方程组。
3. 一个两位数，个位上的数字 u 与十位上的数字 d 的和等于 13。如果把个位数与十位数字交换位置，那么得到的新数比原数的两倍小 4。写出关于 u 与 d 的二元一次方程组，求原数。

7. Types of numbers

7. Ensembles de nombres

7. 数集

7-1 Sets

7-1 Ensembles

7-1 集合

汉语	English	Français
集合 jíhé	set	ensemble
元素 yuánsù	element	élément
所有 suǒyǒu	all	tous les
满足 mǎnzú	satisfy	satisfaire
属于 shǔyú	belong to	appartenir à
任何 rènhé	any	quelconque
含 hán	contain	contenir
含于 hán yú	contained in	contenu dans
有限 yǒuxiàn	finite	fini
基数 jīshù	cardinal	cardinal
并集 bìngjí	union	réunion
交集 jiāojí	intersection	intersection
空集 kōngjí	empty set	ensemble vide
子集 zǐjí	subset	sous-ensemble

集合的定义

一个集合是一组具有某种共同性质的元素。比如，集合E=$\{x \mid x \geq 2\}$ 的元素是大于等于 2 的数，也就是说集合 E 的所有元素 x 都满足不等式 $x \geq 2$。

"$x \in E$" 读 "元素 x 属于集合 E"，"$x \notin E$" 读 "元素 x 不属于集合 E"。$\varnothing$ 是 "空集"，它不含任何元素。

"$B \subset A$" 读 "B 包含于 A"，"$A \supset B$" 读 "A 包含 B"。

如果集合 A 的元素是有限的，那么 Card(A) 表示集合 A 的基数，就是在 A 中的元素的个数。

交集与并集

"$A \cap B$" 读 "A 交 B"，是集合 A 与 B 的交集。交集 $A \cap B$ 是所有属于 A 和 B 的元素的集合。交集 $A \cap B$ 是集合 A 与 B 的子集。

"$A \cup B$" 读 "A 并 B"，是集合 A 与 B 的并集。并集 $A \cup B$ 是所有属于 A 或属于 B 的元素的集合。集合 A 与 B 都是并集 $A \cup B$ 的子集。

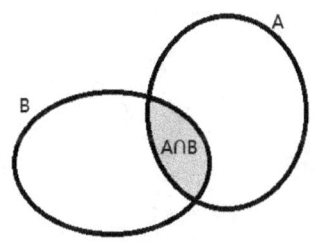

7-2 Natural numbers and integers

7-2 Nombres naturels et entiers

7-2 自然数和整数

汉语	English	Français
自然数 zìránshù	natural number	nombre naturel
严格 yángé	strict	stricte
正数 zhèngshù	positive number	nombre strictement positif
负数 fùshù	negative number	nombre strictement négatif
整数 zhěngshù	integer	nombre entier
叫做 jiàozuò	be called	s'appeler
记作 jìzuò	be written	se note, être noté
所有 suǒyǒu	all	tous les
组成 zǔchéng	form	composer
包含 bāohán	contain	contenir
包含于 bāohányú	contained in	contenu dans
非 fēi	not, non-	non

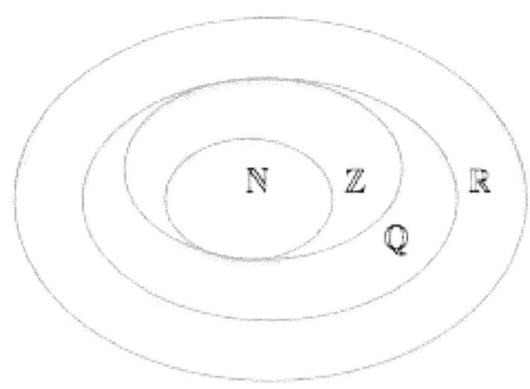

自然数集 ℕ

"自然数集"是所有自然数组成的集合,记作 ℕ。可以写 ℕ={0,1,2,3,4,…}。

正整数集 ℕ* 与负整数集

"正整数集"是所有严格大于 0 的整数组成的集合,记作 ℕ*。可以写 ℕ*={1,2,3,4,…}。

"负整数集"是所有严格小于 0 的整数组成的集合,是{…,-3,-2,-1}。

注意,正数是大于0的数,负数是小于0的数,那么0不是正数,也不是负数。

整数集 ℤ

所有正整数、负整数和零组成的集合叫做整数集,记作 ℤ。可以写 ℤ={…,-3,-2,-1,0,1,2,3,4,…}。

所有的自然数都是整数,可以就说,自然数集包含于整数集,记作 ℕ⊂ℤ。也可以说,整数集包含自然数集,记作 ℤ⊃ℕ。可是一个整数不一定是自然数,可以说,整数集不包含于自然数集,或者说,自然数集不包含整数集。

自然数集是所有非负整数组成的集合。

题

1. 说一说自然数和正整数有什么不同。
2. 说一说负整数和非正整数有什么不同。
3. 说一说正整数和非负整数有什么不同。

7-3 Rational and irrational numbers

7-3 Nombres rationnels et irrationnels

7-3 有理数与无理数

汉语	English	Français
有理数 yǒulǐshù	rational number	nombre rationnel
无理数 wúlǐshù	irrational number	nombre irrationnel
正数 zhèngshù	positive number	nombre positif
负数 fùshù	negative number	nombre négatif
整数 zhěngshù	integer	nombre entier
分数 fēnshù	fraction	fraction
任何 rènhé	any	quelconque
分类 fēnlèi	classification	classification
有限 yǒuxiàn	finite	fini
无限 wúxiàn	unlimited, unbounded	infini, illimité
循环 xúnhuán	circulate, cycle	circuler, cycle
重复 chóngfù	repeat	répéter
规则 guīzé	rule	règle
实数 shíshù	real number	nombre réel
包括 bāokuò	include	inclure

有理数和无理数

整数和分数都叫做有理数,任何一个有理数都可以写成分数$\frac{p}{q}$的形式（p、q都是整数,并且$q\neq 0$）,因此,有理数都可以用分数表示。比如,因为4.7可以写成分数$\frac{47}{10}$,所以4.7是有理数。同样地,8、-20、$\frac{5}{6}$也都是有理数。

所有有理数组成的集合叫做有理数集,记作ℚ。

无理数不可以写成分数,它们的小数部分无限不循环,比如0.1010010001…、$\sqrt{2}$、π都是无理数。

小数的分类

小数可以分为位数有限小数和位数无限小数。有限小数是位数有限的小数,比如47.81是有限小数,$\frac{1}{4}$也是有限小数因为$\frac{1}{4}$= 0.25。无限小数是位数无限的小数,比如$\frac{1}{3}$=0.3333…是无限小数。

无限小数又可以分为无限循环小数和无限不循环小数。无限循环小数有不断重复的一列数字,如0.12121212…有12这列数字不断地重复。无限循环小数都可以写成分数,如0.12121212…=$\frac{12}{99}$,是有理数。无限不循环小数没有重复的一列数字,比如,虽然写0.1010010001…是有规则的,可是没有重复的部分,所以是不循环的无限小数。无理数$\sqrt{2}$和π也都没有重复的部分。

实数集

实数集记作ℝ。实数包括有理数和无理数,其中有理数就包括整数和分数,无理数就是无限不循环小数。

题

1. 讲一讲小数的分类,再说一说什么是有理数和无理数。
2. 说一说怎么把无限循环小数0.12121212…写成分数$\frac{12}{99}$。

7-4 The real number line and intervals

7-4 Droite réelle et intervalles

7-4 实数轴与区间

汉语	English	Français
实数 shíshù	real number	nombre réel
包含 bāohán	contain	contenir
包括 bāokuò	include	inclure
实数轴 shíshù zhóu	real number line	droite réelle
规定 guīdìng	to stipulate	fixer, stipuler
原点 yuándiǎn	origin	origine
正方向 zhèng fāngxiàng	orientation	orientation
单位长度 dānwèi chángdù	length unit	unité de longueur
一一对应 yīyī duìyìng	one-to-one correspondence	correspondance biunivoque
设 shè	to set	poser, définir
区间 qūjiān	interval	intervalle
闭区间 bì qūjiān	closed interval	intervalle fermé
开区间 kāi qūjiān	open interval	intervalle ouvert
无界 wújiè	unbounded	non borné
有界 yǒujiè	bounded	borné
端点 duāndiǎn	end point	extrémité
线段 xiànduàn	segment	segment
直线 zhíxiàn	straight line	droite
射线 shèxiàn	ray, half line	demi-droite

实数轴

实数包含有理数和无理数。其中有理数就包括整数和分数，无理数就是无限不循环小数。实数集记作ℝ。

实数轴是规定了原点、正方向和单位长度的一条直线。实数与数轴上的点一一对应。

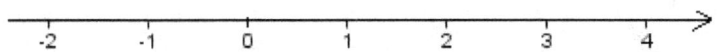

实数区间

定义	数轴表示	含义	区间类型
$x \in [a,b]$		$a \leq x \leq b$	闭区间
$x \in]a,b[$		$a < x < b$	开区间
$x \in [a,b[$		$a \leq x < b$	半开半闭区间
$x \in]a,b]$		$a < x \leq b$	半开半闭区间
$x \in]-\infty,c]$		$x \leq c$	
$x \in]-\infty,c[$		$x < c$	
$x \in [c,+\infty[$		$x \geq c$	
$x \in]c,+\infty[$		$x > c$	

设 a 与 b 是两个实数而且 $a<b$，规定有两个端点 a 与 b 的四种有界区间：
1. 区间 **[a , b]** 是满足不等式 $a \leq x \leq b$ 的实数 x 的集合，是闭区间。

2. 区间]a , b[或 (a , b) 是满足不等式 a < x < b 的实数 x 的集合，是开区间。

3. 区间 [a , b[或 [a , b) 是满足不等式 a ≤ x < b 的实数 x 的集合，是左闭右开区间。

4. 区间]a , b] 或 (a , b] 是满足不等式 a < x ≤ b 的实数 x 的集合，是左开右闭区间。

这种区间对应实数轴上的一个**线段**。

另外，设 c 是一个实数，也规定只有一个端点 c 的四种无界区间：

1. 区间 [c , +∞[或 [c , +∞) 是满足不等式 c ≤ x 的实数 x 的集合，是左闭右开区间。

2. 区间]c , +∞[或 (c , +∞) 是满足不等式 c < x 的实数 x 的集合，是开区间。

3. 区间]–∞ , c] 或 (–∞ , c] 是满足不等式 x ≤ c 的实数 x 的集合，是左开右闭区间。

4. 区间]–∞ , c[或 (–∞ , c) 是满足不等式 x < c 的实数 x 的集合，是开区间。

这种区间对应实数轴上的一条**射线**。

最后可以说，区间]–∞ , +∞[或 (–∞ , +∞) 就是实数集 $\mathbb{R}$，对应整个实数轴。

7-5 Neighborhoods

7-5 Voisinages

7-5 邻域

汉语	English	Français
邻域 línyù	neighborhood	voisinage
满足 mǎnzú	satisfy	satisfaire
集合 jíhé	set	ensemble
子集 zǐjí	subset	sous-ensemble
元素 yuánsù	element	élément
内部 nèibù	interior	intérieur
边界 biānjiè	boundary	frontière

实数 x 的邻域

V 是实数集合的子集。对实数 c，如果存在实数 μ 满足开区间 $]c - \mu, c + \mu[$ 含于集合 V，那么集合 V 叫做实数 c 的邻域。

可以看到，如果 V 是 c 的邻域，那么实数 c 左边和右边都有 V 的元素，也就是说实数 c 在集合 V 的内部，而不在 V 的边界上。

7-6 Complex numbers

7-6 Nombres complexes

7-6 复数

汉语	English	Français
复数 fùshù	complex number	nombre complexe
负数 fùshù	negative number	nombre négatif
是指 shì zhǐ	to refer to	désigner
虚数单位 xūshù dānwèi	imaginary unit	unité imaginaire
虚部 xūbù	imaginary part	partie imaginaire
纯虚数 chún xūshù	imaginary number	nombre imaginaire pur
实数 shíshù	real number	nombre réel
实部 shíbù	real part	partie réelle
二维 èrwéi	bidimensional	bidimensionnel
坐标系 zuòbiāoxì	coordinate system	repère, système de coordonnées
原点 yuándiǎn	origin	origine
横轴 héngzhóu	x-axis	axe des abscisses
实轴 shízhóu	real axis	axe réel
纵轴 zòngzhóu	y-axis	axe des ordonnées
虚轴 xūzhóu	imaginary axis	axe imaginaire
平面 píngmiàn	plane surface, plane	surface plane, plan
复平面 fù píngmiàn	complex plane	plan complexe
一一对应 yīyī duìyìng	one-to-one correspondence	correspondance biunivoque
模 mó	norm	norme, module
绝对值 juéduì zhí	absolute value	valeur absolue
记作 jìzuò	be written	se note, être noté
辐角 fújiǎo	argument	argument

复数

　　复数是指能写成$a+bi$的数，这里a和b是实数，而i是虚数单位。这个虚数单位是负数-1的平方根，也就是说$i^2=-1$。在复数$a+bi$中，a是复数的实部，b是复数的虚部。复数集记作$\mathbb{C}$。

　　当虚部等于零时，这个复数就是实数，那么复数集$\mathbb{C}$包含实数集$\mathbb{R}$。

　　当实部等于零时，这个复数就是纯虚数。

复平面

　　复平面是二维坐标系，横轴上的点对应所有实数，所以叫做实轴，纵轴上的点（原点除外）对应所有纯虚数，所以叫做虚轴。复数$a+bi$与点(a,b)一一对应。

　　复数$a+bi$可以写成$r(cos\,\theta+sin\,\theta)$。$r$是复数$a+bi$的模或绝对值，记作$r=|a+bi|=\sqrt{a^2+b^2}$。$\theta$是复数$a+bi$的辐角，记作$\theta=arg(a+bi)$。

8. Units of measurement and conversions

8. Unités de mesure et conversions

8. 计量单位与换算

8-1 Prefixes of the International System of Units

8-1 Préfixes du système international d'unités

8-1 国际计量单位的词头

汉语	English	Français
物理量 wùlǐ liàng	physical quantity	grandeur physique
测量 cèliáng	measurement	mesure
值 zhí	value	valeur
积 jī	product	produit
结果 jiéguǒ	result	résultat
计量单位 jìliàng dānwèi	unit of measurement	unité de mesure
换算 huànsuàn	conversion	conversion
国际 guójì	international	international
词头 cítóu	prefix	préfixe
符号 fúhào	symbol	symbole
十进制 shíjìnzhì	decimal notation	système décimal
二进制 èrjìnzhì	binary notation	système binaire
信息 xìnxī	information	information
字节 zìjié	byte	octet
位元 wèiyuán	bit	bit

物理量的测量

物理量是物理中可以测量的量。我们用一个数和一个计量单位的乘积表示测量的结果。

国际计量单位的词头

造成计量单位的十进制倍数和分数要用国际计量单位词头：

倍数	词头	符号	英文
10^{-1}	*fēn*（分）	d	deci
10^{-2}	*lí*（厘）	c	centi
10^{-3}	*háo*（毫）	m	milli
10^{-6}	*wēi*（微）	μ	micro
10^{-9}	*nà*（纳）	n	nano

倍数	词头	符号	英文
10^{1}	*shí*（十）	da	deca
10^{2}	*bǎi*（百）	h	hecto
10^{3}	*qiān*（千）	k	kilo
10^{6}	*zhào*（兆）	M	mega
10^{9}	*jí*（吉）	G	giga
10^{12}	*tài*（太）	T	tera

国际计量单位词头的值都是 10 或 0.1 的乘方。要注意的是，"兆"在国际计量单位中的值是 10^6，可是古书中"兆"的值有时候是 10^{12}。

另外，电脑的信息量单位"字节" B（1 字节 = 8 位元）属于二进制而不属于十进制，那么词头"k"与"M"分别是 2^{10} 和 2^{20}，也就是说 1kB = 1024B 而不等于 1000 字节，1 兆 = 1MB = $2^{10}×$1kB = 1048576 字节而不等于 10^6 字节。

8-2 Units of length

8-2 Unités de longueur

8-2 长度单位

汉语	English	Français
长度 chángdù	length	longueur
距离 jùlí	distance	distance
传统 chuántǒng	traditional	traditionnel
换算 huànsuàn	conversion	conversion
系数 xìshù	coefficient	coefficient
米 mǐ	meter	mètre
纳米科技 nàmǐ kējì	nanotechnology	nanotechnologie
微小 wēixiǎo	tiny	minuscule
里 lǐ	*lǐ* (length unit)	*lǐ* (unité de longueur)
丈 zhàng	*zhàng* (length unit)	*zhàng* (unité de longueur)
尺 chǐ	*chǐ* (length unit)	*chǐ* (unité de longueur)
寸 cùn	*cùn* (length unit)	*cùn* (unité de longueur)
英里 yīnglǐ	mile	mile
公里 gōnglǐ	kilometer	kilomètre
海里 hǎilǐ	nautical mile	mille nautique
真空 zhēnkōng	vacuum	vide
光年 guāngnián	light-year	année-lumière
弧 hú	arc	arc

题
1. "纳米科技"的"纳米"是什么意思？它的研究对象是什么？
2. 地球上过北极和南极的圆形的周长等于 40 008 km。计算这个圆上 1 分度的弧长。（1 分度等于 1/60 度）。

国际长度单位
　　"长度"是两个点之间的距离。主要国际长度单位如下：

长度单位	符号	换算系数		长度单位	符号	换算系数

mǐ（米）	m	1 m
fēnmǐ（分米）	dm	10^{-1} m
límǐ（厘米）	cm	10^{-2} m
háomǐ（毫米）	mm	10^{-3} m
wēimǐ（微米）	μm	10^{-6} m
nàmǐ（纳米）	nm	10^{-9} m

mǐ（米）	m	1 m
shímǐ（十米）	dam	10^{1} m
bǎimǐ（百米）	hm	10^{2} m
qiānmǐ（千米）	km	10^{3} m
zhàomǐ（兆米）	Mm	10^{6} m
jímǐ（吉米）	Gm	10^{9} m
tàimǐ（太米）	Tm	10^{12} m

"千米"（符号是 km）也叫做"公里"。

长度单位换算

长度单位换算是把一个长度单位换为另一个，比如：
1 km = 1000 m（1 千米 = 1000 米），
1 cm = 0.01 m（1 厘米 = 0.01 米）。

中国传统长度单位

中国的传统长度单位主要有"lǐ（里）"、"zhàng（丈）"、"chǐ（尺）"和"cùn（寸）"。它们的值在历史上发生过多次变化。现在 1 里是 500 m。"里"也说"华里"，"华里"的"华"就是"中华"的意思。现在的换算值是：
1 里 = 150 丈（那么 1 丈 ≈ 3.33 m），
1 丈 = 10 尺（那么 1 尺 ≈ 3.33 dm），
1 尺 = 10 寸（那么 1 寸 ≈ 3.33 cm）。

其他长度单位

"英里"是英美的传统长度单位"mile"，1 英里=1 609 米。
"海里"等于 1 842 m。
"光年"是光在真空中 1 年走的距离，1 光年 = 9.46×10^{12} km。

8-3 Units of area

8-3 Unités d'aire

8-3 面积单位

汉语	English	Français
面积 miànjī	surface area	aire
平面 píngmiàn	plane surface, plane	surface plane, plan
曲面 qūmiàn	curved surface	surface courbe
占 zhàn	occupy	occuper
范围 fànwéi	domain, range	domaine
田地 tiándì	field	champ
换算 huànsuàn	conversion	conversion
亩 mǔ	*mǔ* (area unit)	*mǔ* (unité d'aire)
公顷 gōngqǐng	*gōngqǐng* (area unit)	*gōngqǐng* (unité d'aire)

国际面积单位

"面积"是一个平面或一个曲面占的范围的量。主要国际面积单位如下：

面积单位	符号	换算系数
píngfāngmǐ（平方米）	m^2	$1\ m^2$
píngfāngfēnmǐ（平方分米）	dm^2	$10^{-2}\ m^2$
píngfānglímǐ（平方厘米）	cm^2	$10^{-4}\ m^2$
píngfāngháomǐ（平方毫米）	mm^2	$10^{-6}\ m^2$
píngfāngwēimǐ（平方微米）	μm^2	$10^{-12}\ m^2$
píngfāngnàmǐ（平方纳米）	nm^2	$10^{-18}\ m^2$

面积单位	符号	换算系数

píngfāngmǐ（平方米）	m²	1 m²
píngfāngshímǐ（平方十米）	dam²	10² m²
píngfāngbǎimǐ（平方百米）	hm²	10⁴ m²
píngfāngqiānmǐ（平方千米）	km²	10⁶ m²
píngfāngzhàomǐ（平方兆米）	Mm²	10¹² m²
píngfāngjímǐ（平方吉米）	Gm²	10¹⁸ m²
píngfāngtàimǐ（平方太米）	Tm²	10²⁴ m²

面积单位换算

面积单位换算是把一个面积单位换为另一个，比如：

1 km² = 1 000 000 m²（1 平方千米 = 1 000 000 平方米），
1 cm² = 0.0001 m²（1 平方厘米 = 0.0001 平方米）。

中国传统面积单位

中国的传统面积单位主要是 mǔ（亩）和 qǐng（顷）。它们的值在历史上发生过多次变化。今天，谈田地的面积时，经常用公顷、市顷、公亩和市亩，换算值是：

1 市亩 ≈ 666.67 m²，
1 市顷 = 100 市亩 ≈ 66 667 m²，

1 公亩 = 100 m² = 0.15 市亩，
1 公顷 = 1 hectare = 10 000 m² = 100 公亩 = 15 市亩。

题
1. 面积为 1 市亩的田地有多少平方米？
2. 面积为 1 hm² 的田地有多少市亩？

8-4 Units of capacity

8-4 Unités de capacité

8-4 容积单位

汉语	English	Français
容积 róngjī	capacity	capacité
体积 tǐjī	volume	volume
瓶子 píngzi	bottle	bouteille
容纳 róngnà	hold	contenir
气体 qìtǐ	gas	gaz
液体 yètǐ	liquid	liquide
固体 gùtǐ	solid	solide
总共 zǒnggòng	total	total
升 shēng	liter	litre
斗 dǒu	dǒu (capacity unit)	dǒu (unité de capacité)
石 dàn	dàn (capacity unit)	dàn (unité de capacité)

国际容积和体积单位

一个瓶子的体积指它占空间的大小，而瓶子的容积指它容纳多少。一种物体一定有体积，可不一定有容积。国际容积单位和体积单位相同，主要的如下：

体积单位	符号	换算系数
lìfāngmǐ（立方米）	m^3	$1\ m^3$
lìfāngshímǐ（立方十米）	dam^3	$10^3\ m^3$
lìfāngbǎimǐ（立方百米）	hm^3	$10^6\ m^3$
lìfāngqiānmǐ（立方千米）	km^3	$10^9\ m^3$
lìfāngzhàomǐ（立方兆米）	Mm^3	$10^{18}\ m^3$
lìfāngjímǐ（立方吉米）	Gm^3	$10^{27}\ m^3$
lìfāngtàimǐ（立方太米）	Tm^3	$10^{36}\ m^3$

容积单位	符号	换算系数
lìfāngmǐ（立方米）	m^3	$1\ m^3$

lìfāngfēnmǐ（立方分米）	dm^3	$10^{-3}\ m^3$
lìfānglímǐ（立方厘米）	cm^3	$10^{-6}\ m^3$
lìfāngháomǐ（立方毫米）	mm^3	$10^{-9}\ m^3$
lìfāngwēimǐ（立方微米）	μm^3	$10^{-18}\ m^3$
lìfāngnàmǐ（立方纳米）	nm^3	$10^{-27}\ m^3$

其他容积和体积单位

计量液体和气体的体积或物体的容积可以用 shēng（升），符号是 L：1L = 1 dm^3。用国际计量单位的词头可以造成升的十进制倍数和分数：

容积单位	符号	换算系数
shēng（升）	L	1 L
fēnshēng（分升）	dL	10^{-1} L
líshēng（厘升）	cL	10^{-2} L
háoshēng（毫升）	mL	10^{-3} L
wēishēng（微升）	μL	10^{-6} L
nàshēng（纳升）	nL	10^{-9} L

容积单位	符号	换算系数
shēng（升）	L	1 L
shíshēng（十升）	daL	10^1 L
bǎishēng（百升）	hL	10^2 L
qiānshēng（千升）	kL	10^3 L
zhàoshēng（兆升）	ML	10^6 L
jíshēng（吉升）	GL	10^9 L
tàishēng（太升）	TL	10^{12} L

容积和体积单位换算

体积和容积单位换算是把一个体积或容积单位换为另一个，比如：
1 cm^3 = 0.000001 m^3（1 立方厘米 = 0.000001 立方米），
1L = 1 dm^3（1 升 = 1 立方分米）。

中国传统容积单位

中国的传统体积和容积单位主要有 shí（石）、dǒu（斗）和 shēng（升）。它们的值在历史上发生过多次变化。现在的换算值是：
1 升 = 1L，
1 斗 = 10 升，
1 石 = 10 斗。

题

1. 一个体积为 130 cm^3 的瓶子容纳 1L 水和 20 cm^3 空气。瓶子固体加上它容纳的液体和气体在空间占的总体积是多少？瓶子的容积是多少？
2. 读"1 m^3 = 1 000 L"，"1 mL = 0.001 L"。

8-5 Units of mass

8-5 Unités de masse

8-5 质量单位

汉语	English	Français
质量 zhìliàng	mass	masse
物质 wùzhì	matter	matière
引力 yǐnlì	gravitation	gravitation
惯性 guànxìng	inertia	inertie
作用 zuòyòng	action, effect	action, effet
重量 zhòngliàng	weight	poids
牛顿 Niúdùn	Newton	Newton
克 kè	gram	gramme
千克 qiānkè	kilogram	kilogramme
公斤 gōngjīn	kilogram	kilogramme
吨 dūn	ton	tonne
两 liǎng	(weight unit) 50 g	(unité de poids) 50 g
斤 jīn	(weight unit) 500 g	(unité de poids) 500 g

质量与重量

　　质量是一种物理量，它测量物质怎么受到引力，也测量物质的惯性。质量的计量单位是 *kè*（克），符号是 g。

　　重量是一个物体受到引力作用的力，重量也是一种物理量。测量重量的单位是 *Niúdùn*（牛顿），符号是 N。

　　重量和质量虽然是不同的物理量，可是在日常生活中，质量常常被用来表示重量。

国际质量单位

主要的国际质量单位如下：

质量单位	符号	换算系数
kè（克）	g	1 g
fēnkè（分克）	dg	10^{-1} g
líkè（厘克）	cg	10^{-2} g
háokè（毫克）	mg	10^{-3} g
wēikè（微克）	μg	10^{-6} g
nàkè（纳克）	ng	10^{-9} g

符号	质量单位	换算系数
g	kè（克）	1 g
dag	shíkè（十克）	10^{1} g
hg	bǎikè（百克）	10^{2} g
kg	qiānkè（千克）	10^{3} g
Mg	zhàokè（兆克）	10^{6} g
Gg	jíkè（吉克）	10^{9} g
Tg	tàikè（太克）	10^{12} g

qiānkè（千克），符号是 kg，也叫做 gōngjīn（公斤）。1000 kg 也叫 dūn（吨）。

质量单位换算

质量单位换算是把一个质量单位换为另一个，比如：1 kg = 1000 g（1 千克 = 1000 克）。

中国传统重量单位

中国的传统重量单位主要有 liǎng（两）和 jīn（斤）。它们的值在历史上发生过多次变化，现在换算值是：1 斤 = 10 两 = 500 g。注意："2 两"读"二两"。

题
1. 二两饺子是多少克？

8-6 Units of time

8-6 Unités de temps

8-6 时间单位

汉语	English	Français
时间 shíjiān	time	temps
小时 xiǎoshí	hour	heure
分 fēn	minute	minute
秒 miǎo	second	seconde
钟 zhōng	clock	horloge
六十进制 liùshíjìnzhì	sexagesimal notation	système sexagésimal
换算 huànsuàn	conversion	conversion
天 tiān	day	jour
星期 xīngqī	week	semaine
礼拜 lǐbài	week	semaine
周 zhōu	week	semaine
旬 xún	ten days	décade
世纪 shìjì	century	siècle

国际时间单位

　　主要国际时间单位是 *miǎo*（秒）。可以用国际计量单位词头造成秒的十进制倍数和分数，比如 ms 为"毫秒"。

六十进制的时间单位

　　常用的时间单位是：
　　　　miǎo（秒），符号是 s，
　　　　fēnzhōng（分钟）或 *fēn*（分），符号是 min，
　　　　xiǎoshí（小时），符号是 h。

　　因为秒钟、分钟和小时的换算系数是 60，所以这三个时间单位属于六十进制。
　　时间单位换算是把一个时间单位换为另一个，比如：
　　　　1 h = 60 min，
　　　　1 min = 60 s，
　　　　1 s = 1000 ms。

其他时间单位
　　　　1 天 = 24 个小时，
　　　　1 个星期 = 1 周 = 1 个礼拜 = 7 天，
　　　　1 旬 = 10 天，
　　　　1 个世纪 = 100 年。

题
1. 为什么说常用的时间单位属于六十进制？
2. 说一说"分"字作为时间单位和国际计量单位词头的不同意思。

8-7 Units of speed

8-7 Unités de vitesse

8-7 速度单位

汉语	English	Français
速度 sùdù	speed	vitesse
平均 píngjūn	average	moyenne
位移 wèiyí	displacement	déplacement
千米每小时 qiān mǐ měi xiǎoshí	km/h	km/h
公里每小时 gōnglǐ měi xiǎoshí	km/h	km/h
迈 mài	mile/h or km/h	mille/h ou km/h
马 mǎ	km/h	km/h
英里 yīnglǐ	mile	mile
音译 yīnyì	phonetic translation	traduction phonétique
表示 biǎoshì	stand for, express	représenter, exprimer

速度的定义

速度是表示物体运动的快慢。物体在一段时间 t 内的平均速度 v 是位移 d 除以时间 t，也就是说 $v = \frac{d}{t}$。

速度的单位

速度单位"m/s"（也可以写"m·s^{-1}"）读"米每秒"。比如，人走路的速度是 1.5 m/s 左右，在真空中的光速是 c = 299 792 458 m/s。

速度单位"km/h"（也可以写"km·h^{-1}"）读"公里每小时"或"千米每小时"。

谈汽车的速度时，很多人也说 *mǎ*（马）或 *mài*（迈）。原来 *mài* 是英里"mile"（1 英里=1.6093 千米）的汉语音译，那么原来 *mài* 是表示"英里每小时"，可是现在很多人说 *mài* 来表示"千米每小时"。

速度单位的换算

速度单位换算是把一个速度单位换为另一个，比如，因为 1 km = 1000 m 且 1h = 3600 s，那么：

$$1 \text{ km/h} = \frac{1000}{3600} \text{ m/s} \approx 0.278 \text{ m/s},$$
$$1 \text{ m/s} = \frac{3600}{1000} \text{ km/h} = 3.6 \text{ km/h}。$$

题

1. 说一说什么是物体在运动中的平均速度。
2. 计算 70 英里每小时等于多少千米每小时。
3. 计算 70 千米每小时等于多少英里每小时。
4. 计算 70 千米每小时等于多米每秒。
5. 速度 1 m/s 是多少 m/min？
6. 在真空中，光速是 c = 299 792 458 m/s。按 1 年≈365.2 天，计算光 1 年走的距离（这个距离叫做 1 光年）。

9. Plane geometry

9. Géométrie plane

9. 平面几何

9-1 Geometric figures and instruments

9-1 Figures et instruments géométriques

9-1 图形和几何仪器

汉语	English	Français
平面 píngmiàn	plane surface, plane	surface plane, plan
几何 jǐhé	geometry	géométrie
平面几何 píngmiàn jǐhé	plane geometry	géométrie plane
对象 duìxiàng	object	objet
抽象 chōuxiàng	abstract	abstrait
抽象化 chōuxiànghuà	abstraction	abstraction
图形 túxíng	geometric figure	figure géométrique
描述 miáoshù	describe	décrire
研究 yánjiū	research, study	étudier, chercher
形状 xíngzhuàng	shape	forme
变化 biànhuà	transformation	transformation
开图 kāitú	open figure	figure ouverte
闭图 bìtú	closed figure	figure fermée
量 liáng	measure	mesurer
长度 chángdù	length	longueur
周长 zhōucháng	perimeter	périmètre
周 zhōu	circuit	tour
面积 miànjī	surface area	aire
表面 biǎomiàn	surface	surface
作图 zuò tú	draw a draft	faire une figure
仪器 yíqì	instrument	instrument
尺子 chǐzi	ruler	règle
三角尺 sānjiǎochǐ	set square	équerre
圆规 yuánguī	compass	compas
量角器 liángjiǎoqì	protractor	rapporteur
角 jiǎo	angle	angle

图形

　　平面几何的对象是图形。几何把真实世界的形状抽象化为几何图形，然后描述这些图形，并且研究它们的性质和变化。比如有闭图和开图，闭图表面的大小叫面积，一周的长度叫周长。

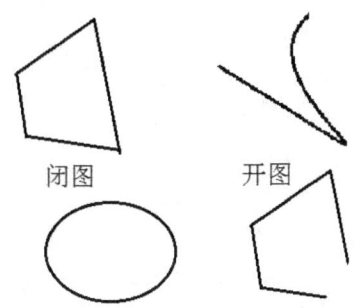

闭图　　　开图

几何用的仪器

　　我们作图或者量图的时候，可以用尺子、角尺、圆规和量角器这些几何仪器。

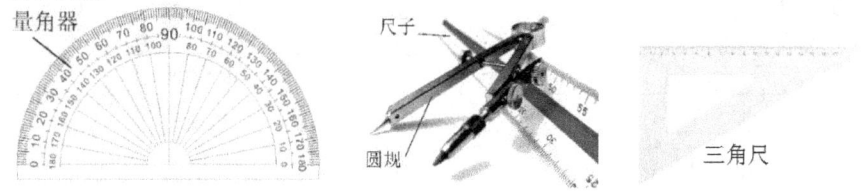

量角器　　　尺子　　　三角尺
　　　　　　圆规

题
1. 说一说几何的对象是否是大自然中的形状。
2. 量长度与角度分别用那些仪器？
3. 作几何图可以用那些仪器？

9-2 Points and lines

9-2 Points et lignes

9-2 点和线

汉语	English	Français
点 diǎn	point	point
顶点 dǐngdiǎn	vertex	sommet
端点 duāndiǎn	end point	extrémité
线 xiàn	line	ligne
直线 zhíxiàn	straight line	droite
曲线 qūxiàn	curve	courbe
折线 zhéxiàn	polygonal chain	ligne brisée
射线 shèxiàn	ray, half line	demi-droite
线段 xiànduàn	segment	segment
连接 liánjiē	join	relier
过 guò	pass through	passer par
长度 chángdù	length	longueur
无限 wúxiàn	unlimited, unbounded	infini, illimité
延长 yáncháng	extend	prolonger

线

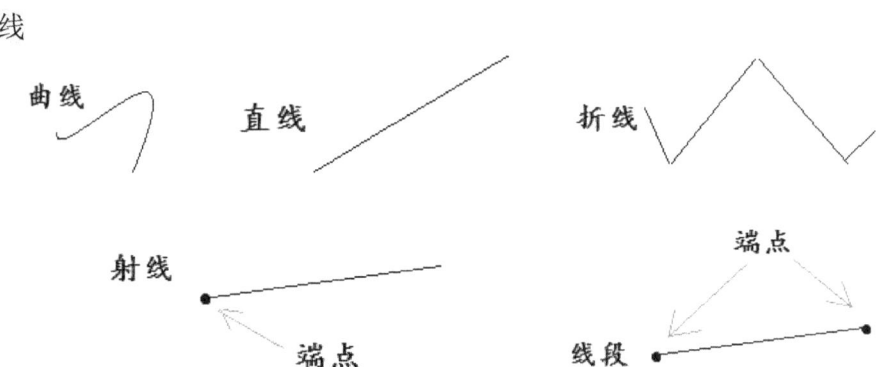

点

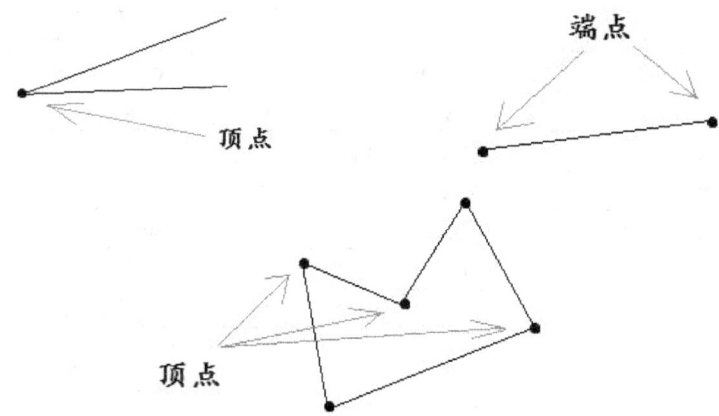

直线没有端点，没有长度，可以无限地延长。射线有一个端点，没有长度，有一边可以无限地延长。线段有两个端点，有长度，不可以延长。

过两点 A 与 B 有且只有一条直线 d：

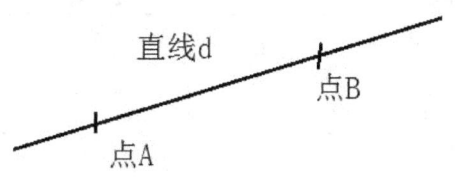

可以说：
（1）线 d 连接两个点 A 与点 B。
（2）点 A 与点 B 在直线 d 上。
（3）直线 D 过点 A 与 B。

题：过两个点有几条直线？过一个点呢？

9-3 Vectors

9-3 Vecteurs

9-3 向量

汉语	English	Français
向量 xiàngliàng	vector	vecteur
具有 jùyǒu	have, possess	avoir, posséder
大小 dàxiǎo	size, magnitude	taille, grandeur
方向 fāngxiàng	direction, orientation	direction, orientation
对象 duìxiàng	object	objet
箭头 jiàntou	arrow	flèche
平移 píngyí	translation	translation
模 mó	norm	norme, module
范数 fànshù	norm	norme, module
绝对值 juéduì zhí	absolute value	valeur absolue
矢量 shǐliàng	vector	vecteur
力 lì	force	force
作用点 zuòyòng diǎn	point of application	point d'application
效果 xiàoguǒ	effect	effet
数量积 shùliàng jī	scalar product	produit scalaire
数量 shùliàng	quantity, scalar	quantité, scalaire
非零 fēi líng	nonzero	non nul
点积 diǎnjī	dot product	produit scalaire

向量

向量是具有方向和大小的几何对象，可以记作$\vec{u}$，小写字母顶上加上箭头。如果给定向量$\vec{u}$一个起点 A 和终点 B，可以写$\vec{u}=\overrightarrow{AB}$。

向量$\vec{u}$的大小叫模、范数或长度，记作$\|\vec{u}\|$。

用向量可以表示平移。

向量也叫矢量。

力

物理学中的力具有方向、大小和作用点。方向和大小可以用向量表示，可是力的作用点不同，力的作用效果就不同。

数量积

两个非零向量$\vec{u}$和$\vec{v}$的数量积是$\vec{u}\cdot\vec{v}=\|\vec{u}\|\times\|\vec{v}\|\times cos(\vec{u},\vec{v})$，是一个数量。

数量积也叫点积。

9-4 Angles and bisectors

9-4 Angles et bissectrices

9-4 角和角平分线

汉语	English	Français
角 jiǎo	angle	angle
角度 jiǎodù	measure of an angle	mesure d'angle
锐角 ruìjiǎo	acute angle	angle aigu
钝角 dùnjiǎo	obtuse angle	angle obtus
直角 zhíjiǎo	right angle	angle droit
垂直 chuízhí	perpendicular	perpendiculaire
平角 píngjiǎo	straight angle	angle plat
补角 bǔjiǎo	supplementary angles	angles supplémentaires
互补 hùbǔ	to be supplementary	être supplémentaires
余角 yújiǎo	complementary angles	angles complémentaires
互余 hùyú	to be complementary	être complémentaires
平分 píngfēn	divide into equal parts	partager en parts égales
角平分线 jiǎopíngfēnxiàn	angle bisector	bissectrice

角的顶点与角的边

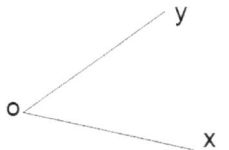

点 O 是角∠xOy 的顶点，射线 Ox 与 Oy 是角∠xOy 的角边。

角与角度

0°＜锐角＜90°　　　直角=90°　　　90°＜锐角＜180°　　　平角=180°

| 锐角是小于90度的角 | 直角是90度的角,角边互相垂直 | 钝角是大于90度并且小于180°的角 | 平角是180度的角,两条角边共线 |

90°或180°的"°"读"dù"。

补角与余角

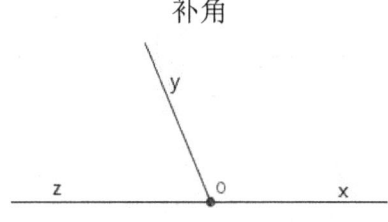

一个角与它的补角的和是一个平角:∠xOy+∠yOz=180° 可以说这两个角互补

一个角与它的余角的和是一个直角:∠xOy+∠yOz=90° 可以说这两个角互余

角平分线

一个角的角平分线是一条过角顶点并且平分这个角的直线或射线。平分的意思就是分成相等的部分。

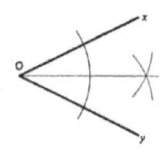

9-5 Relative positions of straight lines

9-5 Positions relatives de droites

9-5 直线的位置关系

汉语	English	Français
位置关系 wèizhi guānxi	relative positions	positions relatives
平行 píngxíng	parallel	parallèle
互相 hùxiāng	mutually	mutuellement
重合 chónghé	to be coincident, coincide	être confondus
公共 gōnggòng	common	commun
公理 gōnglǐ	axiom	axiome
推论 tuīlùn	to infer, to deduce	déduire
传递性 chuándìxing	transitivity	transitivité
相交 xiāngjiāo	secant	sécant
交点 jiāodiǎn	point of intersection	point d'intersection
夹角 jiájiǎo	angle (between two lines)	angle (formé par deux droites)
垂直 chuízhí	perpendicular	perpendiculaire
若…，则… ruò…，zé…	if…, then…	si…, alors…
且 qiě	and, moreover	et, de plus
有且只有 yǒu qiě zhǐ yǒu	there is one and only one	il y a un et un seul

平行直线

　　平行线是在同一个平面内没有公共点的直线。我们写 $d//d'$，可以读"d 与 d' 互相平行"，也可以读"d 平行于 d'"。如果 $d = d'$，那么说两条直线重合。

　　过直线外的一个点，有且只有一条直线与已知直线平行，这是"平行公理"。"平行公理"的推论是，如果两条直线都和第三条直线平行，那么这两条直线也互相平行：若 $d_1//d_2$，$d_2//d_3$，则 $d_1//d_3$ (这是平行的传递性)。

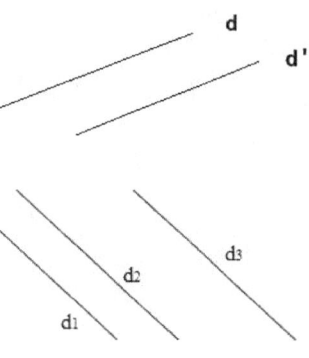

相交直线

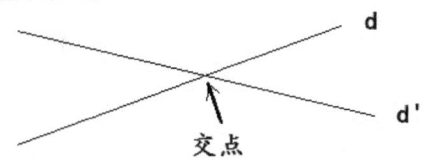

　　同一个平面内，如果两条直线有一个公共点，那么它们相交，公共点叫交点。我们说"d 与 d' 相交"。

　　另外，如果 d 与 d' 相交而且 d 与 d' 的夹角是直角，那么我们可以写 $d \perp d'$，可以读"d 与 d' 垂直"。

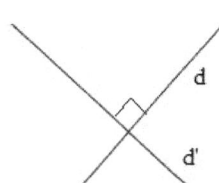

两条平行线和一条垂直线

　　如果两条直线 d_1 和 d_2 都与第三条直线 d 垂直，那么这两条直线平行。也就是说，若 $d_1 \perp d$ 且 $d_2 \perp d$，则 $d_1 // d_2$。

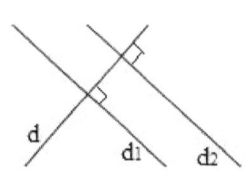

如果两条平行线 d_1 和 d_2 中的一条与第三条直线 d 垂直，那么另一条也与第三条 d 垂直。也就是说，若 $d_1 // d_2$ 且 $d_1 \perp d$，则 $d_2 \perp d$。

题
1. 同一平面内，说一说三条直线的交点可以有几个？
2. 下列说法哪一个不正确？为什么？

  A：过任意一点 P 可作已知直线 L 的一条平行线。

  B：同一平面内的两条不相交的直线是平行线。

  C：过直线外一点只能画一条直线与已知直线平行。

  D：平行于同一条直线的两条直线平行。

9-6 Relative positions of angles

9-6 Positions relatives d'angles

9-6 角的位置关系

汉语	English	Français
位置关系 wèizhi guānxi	relative positions	positions relatives
相邻角 xiānglín jiǎo	adjacent angles	angles adjacents
延长 yáncháng	extend	prolonger
对顶角 duìdǐng jiǎo	vertical angles, opposite angles	angles opposés par le sommet
截 jié	cut	couper
同旁 tóngpáng	same side	même côté
同位角 tóngwèi jiǎo	corresponding angles	angles correspondants
两侧 liǎng cè	both sides	des deux côtés
外侧 wàicè	outer side	côté extérieur
内错角 nèi cuò jiǎo	alternate interior angles	angles alternes-internes
外错角 wài cuò jiǎo	alternate exterior angles	angles alternes-externes
同旁内角 tóngpáng nèi jiǎo	interior angles on the same side	angles internes du même côté
同旁外角 tóngpáng wài jiǎo	exterior angles on the same side	angles externes du même côté
互补 hùbǔ	to be supplementary	être supplémentaires

题
1. 介绍一下角的位置关系。
2. 内错角或外错角一定相等吗？同旁内角或同旁外角一定互补吗？

邻角　　　　　　　　　｜对顶角

相邻角有共同的顶点和一条共同的边。	对顶角有共同顶点而且一个角的两条边分别是另一个角边的延长线。对顶角相等。
	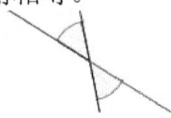

同位角、内错角、外错角、同旁内角、同旁外角

一条直线 D 截两条直线 D_1 与 D_2，
  在直线 D 的同旁且在 D_1 与 D_2 的同一方的两个角是同位角，
  分别在直线 D 的两侧且夹在 D_1 与 D_2 之间的两个角是内错角，
  分别在直线 D 的两侧且在 D_1 与 D_2 的外侧的两个角是外错角，
  在直线 D 的同旁且夹在 D_1 与 D_2 之间的两个角是同旁内角，
  在直线 D 的同旁且在 D_1 与 D_2 的外侧的两个角是同旁外角。

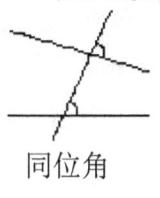				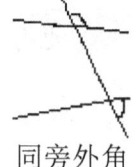
同位角	内错角	外错角	同旁内角	同旁外角

如果 D_1 平行于 D_2，那么
  同位角相等，
  内错角相等，
  外错角相等，
  同旁内角互补，
  同旁外角互补。

9-7 Intercept theorem

9-7 Théorème de Thalès

9-7 平行线分线段成比例定理

汉语	English	Français
成比例 chéng bǐlì	be proportional	être proportionnel
定理 dìnglǐ	theorem	théorème
截 jié	cut	couper
对应 duìyìng	to correspond	correspondre
象限 xiàngxiàn	quadrant	quadrant
等式 děngshì	equality	égalité
一般化 yìbānhuà	generalization	généralisation
反之 fǎnzhī	reversely	réciproquement

平行线分线段成比例定理

平行线分线段成比例定理说，两条平行线截两条相交直线，得到的对应线段成比例。

两条平行直线可以过两条相交直线所画出的同一个象限或者可以分别过两个不同的象限：

平行线过同一个象限　　　　平行线过两个不同的象限

根据这个定理，在 A、B、M 共线，A、C、N 也共线的情况下。如果$(BC)//(MN)$，那么$\frac{AM}{AB}=\frac{AN}{AC}=\frac{MN}{BC}$。可是解题的时候，一般只需要用两个比例写出一个等式。反之，如果$\frac{AM}{AB}=\frac{AN}{AC}$，那么$(BC)//(MN)$。

三角形的中位线定理

三角形中位线是连接三角形两边中点的线段。

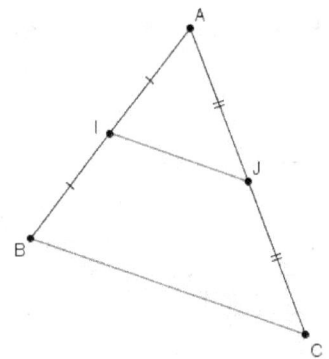

三角形的中位线平行于第三边并且等于它的一半。相反，如果经过三角形一边中点的线段平行于第三边，那么它也经过另一边的中点。这叫做"三角形的中位线定理"。

"平行线分线段成比例定理"的一般化

如果三条平行直线截两条相交直线，那么

图是这样：　　　　　　　　得到的对应线段成比例，可以写出：

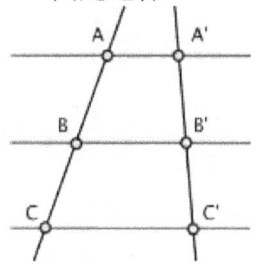

$$\begin{cases} \dfrac{AB}{BC} = \dfrac{A'B'}{B'C'} \\ \dfrac{AB}{AC} = \dfrac{AB'}{AC'} \\ \dfrac{AB}{A'B} = \dfrac{BC}{B'C} \end{cases}$$

题

1. 用"平行线分线段成比例定理"可以证明或计算什么？

9-8 Perpendicular bisector of a segment

9-8 Médiatrice d'un segment

9-8 线段的垂直平分线

汉语	English	Français
垂直平分线 chuízhí píngfēn xiàn	perpendicular bisector	médiatrice
中点 zhōngdiǎn	midpoint	milieu
距离 jùlí	distance	distance
对称轴 duìchèn zhóu	axis of symmetry	axe de symétrie
轴对称 zhóu duìchèn	axial symmetry	symétrie axiale
沿着 yánzhe	along	en suivant
对折 duìzhé	to fold	plier
重合 chónghé	to be coincident, coincide	être confondus

定义
　　一条线段的的垂直平分线是垂直并且平分这条线段的一条直线。
　　一条线段的的垂直平分线过这条线段的中点。

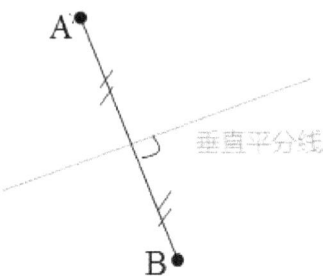

等距性质
　　线段的垂直平分线上任意一点，到这条线段两端点的距离相等。

轴对称图形与对称轴

　　如果沿着一条直线对折，对折的两个部分是重合的，那么图形叫做"轴对称图形"。对折的这条直线叫做这个图形的"对称轴"。

　　圆有无数条对称轴，线段有一条对称轴，是线段的垂直平分线。

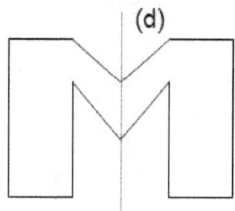

点与线段的轴对称

点不在对称轴 d 上

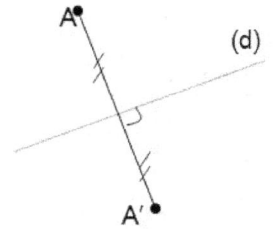

点在对称轴 d 上

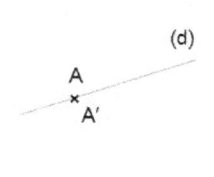

线段的轴对称

题
1. 解释什么是一个图形的对称轴。
2. 圆形的对称轴有没有一个共同点？
3. 根据等距性质，一个点与它的对称点分别到对称轴的距离怎么样？

9-9 Circles and annuli

9-9 Cercles et couronnes

9-9 圆和环形

汉语	English	Français
圆 yuán	circle, disk	cercle, disque
环形 huánxíng	annulus	couronne
圆周 yuánzhōu	circle, circumference	cercle, circonférence
圆盘 yuánpán	disk	disque
圆心 yuánxīn	center (circle, disk)	centre (cercle, disque)
直径 zhíjìng	diameter	diamètre
半径 bànjìng	radius	rayon
组成 zǔchéng	form	composer
任何 rènhé	any	quelconque
率 lǜ	rate, ratio	taux, rapport
弦 xián	chord	corde
切线 qiēxiàn	tangent line	droite tangente
切点 qiēdiǎn	point of tangency	point de tangence
相切 xiāngqiē	tangent	tangent
弧 hú	arc	arc
严格 yángé	strict	stricte
位置关系 wèizhi guānxi	relative positions	positions relatives
是指 shì zhǐ	to refer to	désigner

圆的定义

圆是离圆心距离相等所有点组成的图，这个距离叫做圆的半径。

半径是连接圆上的任何一个点并过圆心的一条线段，而且这条线段的长度也叫做半径。

直径是连接圆上的两个点并且通过圆心的一条线段，而且这条线段的长度也叫做直径。

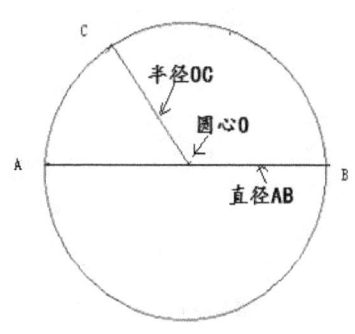

圆的周长和面积

半径为r的圆的周长是$C=2\pi r$，π是"圆周率"，读 *pài*。

半径为r的圆的面积是$S_{圆}=\pi r^2$。

圆的切线与弦

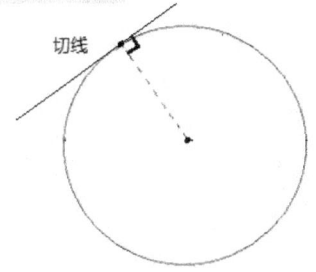

圆的一条切线是与圆相切的直线。圆与切线相切是说它们只有一个交点，这个点叫做切点。

切线与过切点的半径垂直。

圆的一条弦是链接圆上两个点的线段。如果过圆心，那么，严格地说，不是一条弦，而是一条直径。

图上有线段 AC 是一条弦，圆上的曲线 AC 叫做弧 AC。

环形

环形是指一个大圆形与同心的一个小圆形之间的面积。外半径 R 内半径 r 圆环的面积为 $S = \pi(R^2 - r^2)$。

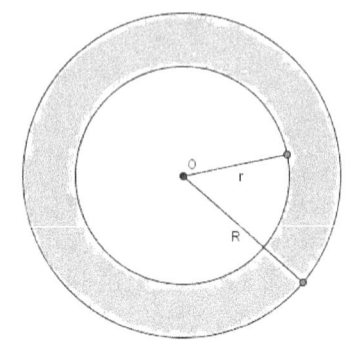

题
1. 圆有几条对称轴？如果有，请讲一讲都是什么直线。
3. 说一说圆与直线的位置关系。

9-10 Inscribed and central angles

9-10 Angles inscrits et angles au centre

9-10 圆周角和圆心角

汉语	English	Français
圆心角 yuán xīn jiǎo	central angle	angle au centre
圆周角 yuán zhōu jiǎo	inscribed angle	angle inscrit
弧 hú	arc	arc
互补 hùbǔ	to be supplementary	être supplémentaires
补角 bǔjiǎo	supplementary angles	angles supplémentaires
余角 yújiǎo	complementary angles	angles complémentaires
所对 suǒduì	corresponding to	correspondant à

圆心角

　　圆心角的顶点是圆心，它的两边与圆相交。

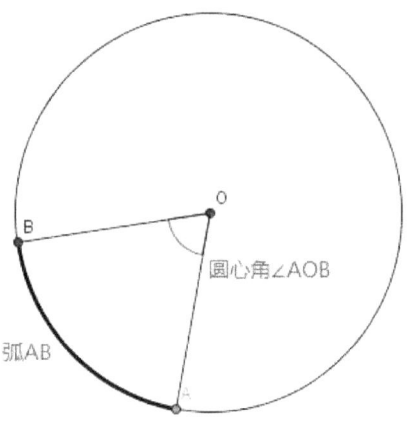

圆周角

圆周角的顶点在圆上,它的两边与圆相交。

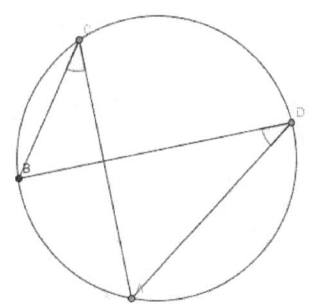 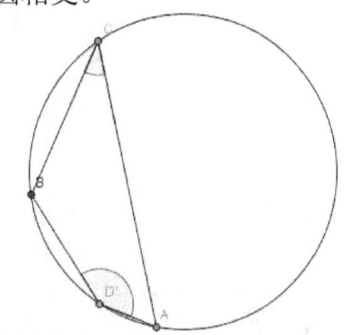

因为 C 和 D 在弦 AB 同一边,所以∠ACB 和∠ADB 同弧,它们相等。

因为 C 和 D' 分别在弦 AB 两边,所以∠ACB 和∠AD'B 不同弧,它们互补。

定理

圆周角等于同圆弧所对圆心角的 1/2。

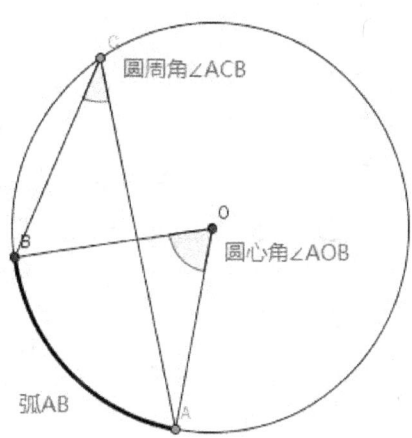

9-11 Triangles

9-11 Triangles

9-11 三角形

汉语	English	Français
三角形 sānjiǎoxíng	triangle	triangle
定义 dìngyì	definition	définition
性质 xìngzhì	characteristic, property	caractéristique, propriété
任何 rènhé	any	quelconque
三角形不等式 sānjiǎoxíng bùděngshì	triangle inequality	inégalité triangulaire
内角和 nèijiǎo hé	sum of interior angles	somme des angles intérieurs
特殊 tèshū	particular	particulier
等边三角形 děngbiān sānjiǎoxíng	equilateral triangle	triangle équilatéral
等腰三角形 děngyāo sānjiǎoxíng	isosceles triangle	triangle isocèle
直角三角形 zhíjiǎo sānjiǎoxíng	right triangle, right-angled triangle	triangle rectangle
锐角三角形 ruìjiǎo sānjiǎoxíng	acute triangle	triangle acutangle
钝角三角形 dùnjiǎo sānjiǎoxíng	obtuse triangle	triangle obtusangle
不等边三角形 bùděngbiān sānjiǎoxíng	scalene triangle	triangle scalène
斜边 xiébiān	hypotenuse	hypoténuse
底 dǐ	base (side)	base (côté)

定义
　　一个三角形是有三个顶点、三条边和三个角的多边形。三角形的任何两个边的和一定大于第三个边，这是"三角形不等式"。另外，任何三角形"内角和"等于180度。

特殊三角形

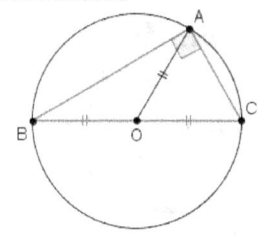 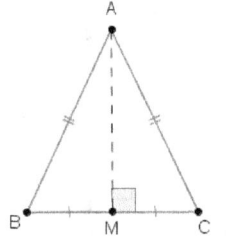 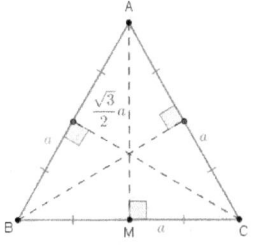

"直角三角形"是有一个直角的三角形。直角的对边叫做"斜边",其他两条边叫做"直角边"。

"等腰三角形"是有两个边相等的三角形。在等腰三角形中,两条长度相等的边叫做"腰",第三条边叫做"底边"。

等腰三角形的"底角"是腰和底边的夹角,它们相等。

底边的对角叫顶角。

"等边三角形"是三个边都相等的三角形。等边三角形的角都等于60°。

题
1. 一个等边三角形可能是直角三角形吗?
2. 直角三角形中,已知两个锐角的度数差是20°,那么这两个锐角的度数分别为多少?

9-12 Altitude and median of a triangle

9-12 Hauteurs et médianes d'un triangle

9-12 三角形的高和中线

汉语	English	Français
高 gāo	height, altitude	hauteur
中线 zhōngxiàn	median	médiane
中点 zhōngdiǎn	midpoint	milieu
连线 liánxiàn	line connecting (two points)	droite qui relie (deux points)
划分 huàfēn	cut, divide	partager, découper
靠近 kàojìn	near	proche
重合 chónghé	to be coincident, coincide	être confondus

高和面积

　　三角形的高线是过三角形的一个顶点并且垂直于对边的一条直线或线段。高线也可以说高。垂直于高的边叫做底边。高也是从顶点到底边的距离，在这个情况下不是一条线，而是一个数，用这个数可以计算三角形的面积：$S_{三角形} = \frac{底 \times 高}{2}$。

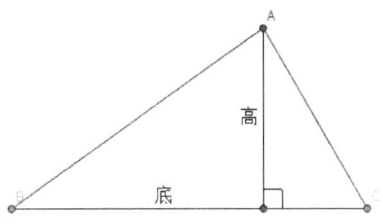

三角形的中线

　　三角形的一条中线是过三角形的一个顶点并且平分对边的一条直线或线段。也可以说中线是顶点与对边中点的连线。

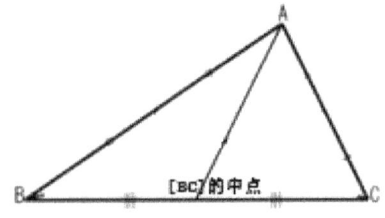

等腰三角形"四线合一"

等腰三角形的顶角平分线、底边的中线、高和垂直平分线都重合,就是"四线合一"。

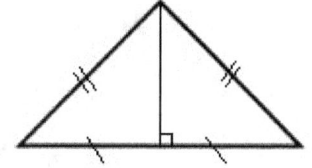

9-13 Four centers of a triangle

9-13 Quatre centres d'un triangle

9-13 三角形的四心

汉语	English	Français
内心 nèixīn	incenter	centre du cercle inscrit
内切圆 nèiqiēyuán	inscribed circle	cercle inscrit
外心 wàixīn	circumcenter	centre du cercle circonscrit
外接圆 wàijiēyuán	circumscribed circle	cercle circonscrit
垂心 chuíxīn	orthocenter	orthocentre
重心 zhòngxīn	centroid	centre de gravité
欧拉线 Ōulā xiàn	Euler line	droite d'Euler
共线 gòngxiàn	collinear	alignés

内心和内切圆

　　三角形的内心是三个内角的角平分线的交点，也是三角形内切圆的圆心。

　　三角形的内切圆与三角形的三条边相切。

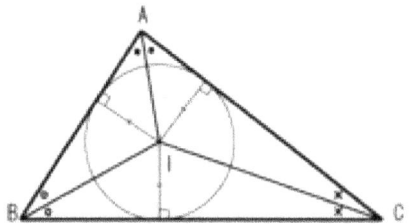

外心和外接圆

三角形的外心是三条边的垂直平分线的交点，也是三角形外接圆的圆心。

三角形的外接圆过三角形的三个顶点。

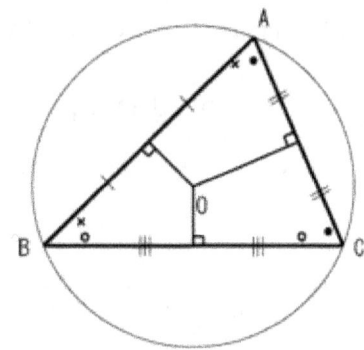

垂心

三角形的垂心是三条高的交点。

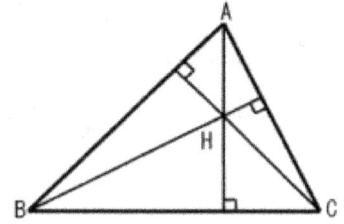

重心

三角形的重心是三条中线的交点。

中线的交点划分的线段比例为1:2，靠近顶点的一段较长，靠近对边中点的一段较短)。

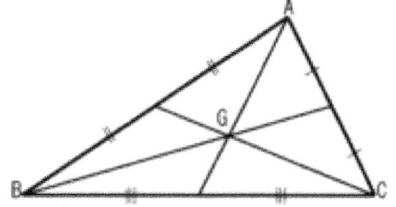

欧拉线

任何三角形的垂心、外心和重心共线，过那三个点的直线叫做欧拉线。

题

1. 讲一讲三角形的四心分别是什么。三角形的垂心、外心、重心共线吗？

9-14 Triangle midpoint theorem

9-14 Droite des milieux d'un triangle

9-14 三角形的中位线

汉语	English	Français
三角形 sānjiǎoxíng	triangle	triangle
连接 liánjiē	join	relier
任何 rènhé	any	quelconque
平分 píngfēn	divide into equal parts	partager en parts égales
定理 dìnglǐ	theorem	théorème

定义

连接三角形任何两边的中点的线段叫做三角形的中位线。

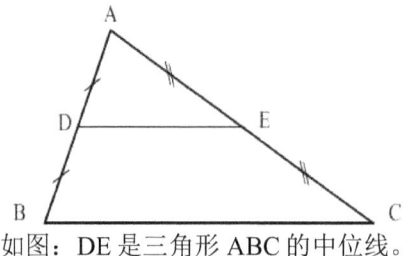

如图：DE 是三角形 ABC 的中位线。

性质

三角形的中位线平行于第三边，并且等于它的一半。如以上图：直线 DE 平行于直线 BC，并且 $DE = \frac{1}{2}BC$。

定理

定理 1：在三角形内，与两边相交，并且等于三角形第三个边一半的线段是三角形的中位线。

定理 2：在三角形内，过一条边的中点，并且和另一条边平行的直线平分第三条边。

题

1. 说一说三角形中位线的定义和性质。

9-15 Pythagorean theorem

9-15 Théorème de Pythagore

9-15 勾股定理

汉语	English	Français
直角三角形 zhíjiǎo sānjiǎoxíng	right triangle, right-angled triangle	triangle rectangle
直角边 zhíjiǎobiān	leg, cathetus	côté de l'angle droit
斜边 xiébiān	hypotenuse	hypoténuse
定理 dìnglǐ	theorem	théorème
勾股定理 gōugǔ dìnglǐ	Pythagoras' theorem	théorème de Pythagore
毕达哥拉斯 Bìdágēlāsī	Pythagoras	Pythagore
逆定理 nì dìnglǐ	converse theorem	réciproque du théorème
证明 zhèngmíng	to prove, proof	démontrer, démonstration
是否 shìfǒu	whether or not	si oui ou non
连续 liánxù	consecutive	consécutif

直角三角形
　　一个直角三角形是有一个直角的三角形。对着直角的边叫斜边，是最长的边，另外两条边叫直角边。

勾股定理
　　勾股定理说，在一个直角三角形中，斜边的平方等于两个直角边平方的和。

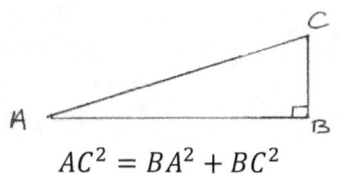

$$AC^2 = BA^2 + BC^2$$

　　如果已经知道三角形任何两个边，那么就可以用勾股定理计算第三条边。比如，如果 $AC^2 = BA^2 + BC^2$ 里知道 BA 和 BC，那么可以计算 $AC = \sqrt{BA^2 + BC^2}$，如果知道 AC 和 BA，那么可以计算 $BC = \sqrt{AC^2 - BC^2}$。

　　"勾股定理"也叫"*Bìdágēlāsī*（毕达哥拉斯）定理"。

勾股定理的逆定理
　　勾股定理的逆定理说，如果三角形两边的平方的和等于第三边的平方，那么这个三角形是直角三角形，而且最长的边对着直角。
　　可以用勾股定理逆定理证明一个三角形是否是直角三角形。

题
1. 讲一讲"勾股定理"是什么。
2. 直角三角形的三边长像 7、8、9 是连续整数，这种三角形有：
A) 1 个　　　　B) 2 个　　　　C) 3 个　　　　D) 无数的
3. 有一个 45°角的直角三角形中，三条边的比是多少？
4. ABC 是直角三角形，直角顶点是 A，AC=6cm，AB+BC=8cm。作图。求 AB 与 BC 的值。

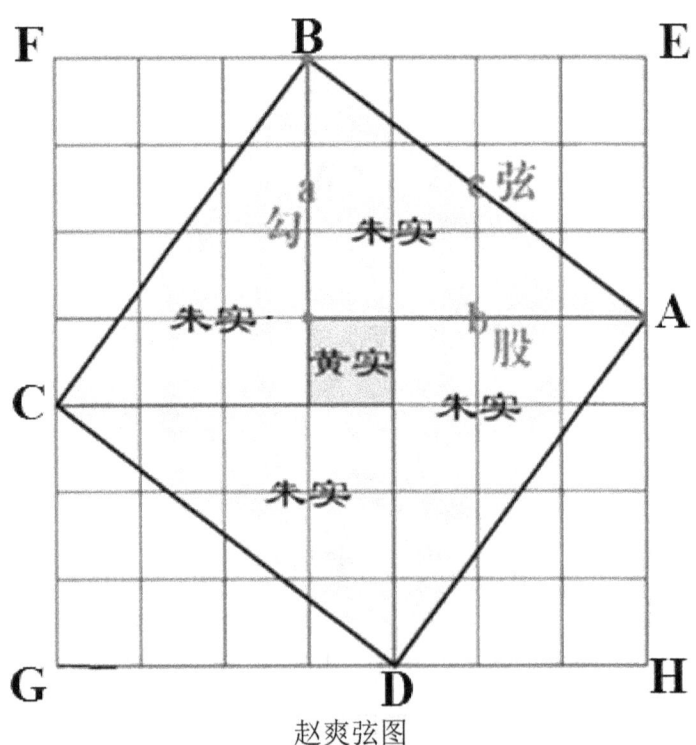

赵爽弦图

9-16 Zhao Shuang's proof

9-16 La démonstration de Zhao Shuang

9-16 赵爽弦图

汉语	English	Français
赵爽 Zhào Shuǎng	Zhao Shuang	Zhao Shuang
弦图 xiántú	figure of the hypotenuse	figure de l'hypoténuse
弦 xián	hypotenuse (old)	hypoténuse (ancien)
勾 gōu	smallest cathetus (old)	petit côté de l'angle droit (ancien)
股 gǔ	larger cathetus (old)	grand côté de l'angle droit (ancien)
实 shí	surface area (old)	aire (ancien)
黄 huáng	yellow	jaune
朱 zhū	rouge	rouge

赵爽是三国时期的数学家，他公元三世纪用"赵爽弦图"证明了勾股定理。

正方形 EFGH 可以看作是由正方形 ABCD 和直角边分别为 a、b，斜边为 c 的四个直角三角形形成的，那么它的面积就可以写成 $c^2 + 4 \times \frac{1}{2}ab$。另外，正方形 EFGH 的边长是 $a + b$，所以它的面积也可以写成 $(a+b)^2$。于是我们得到等式 $c^2 + 4 \times \frac{1}{2}ab = (a+b)^2$，化简得 $c^2 = (a+b)^2$。

这就是数学家赵爽证明了对勾股定理用的图和方法。他原来的"弦图"上，直角三角形用了"朱实"（即"红色面积"）表示。图中间的小正方形用了"黄实"（即"黄色面积"）表示。可以看到，那个"黄实"在证明过程中不出现。

9-17 Trigonometric functions

9-17 Fonctions trigonométriques

9-17 三角函数

汉语	English	Français
三角函数 sānjiǎo hánshù	trigonometric function	fonction trigonométrique
正弦 zhèngxián	sine	sinus
余弦 yúxián	cosine	cosinus
正切 zhèngqiē	tangent	tangente

正弦

在直角三角形中，任意一个锐角∠A的正弦是这个锐角∠A的对边与斜边的比。∠A的正弦记作 $sin\,A$。比如，以下图中，$sin\,A = \frac{BC}{AC}$。

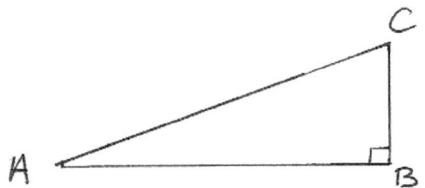

余弦

在直角三角形中，任意一个锐角∠A的余弦是这个锐角∠A的非直角的邻边与斜边的比。∠A的正弦记作 $cos\,A$。比如，以上图中，$cos\,A = \frac{AB}{AC}$。

正切

在直角三角形中，任意一个锐角∠A的正切是这个锐角∠A的对边与非直角的邻边的比。∠A的正弦记作 $tan\,A$。比如，以上图中，$tan\,A = \frac{BC}{AB}$。

9-18 Polygons

9-18 Polygones

9-18 多边形

汉语	English	Français
多边形 duōbiānxíng	polygon	polygone
对角线 duìjiǎoxiàn	diagonal	diagonale
首尾 shǒuwěi	first and last (points)	premier et dernier (points)
正 zhèng	regular	régulier
外接圆 wàijiēyuán	circumscribed circle	cercle circonscrit
内切圆 nèiqiēyuán	inscribed circle	cercle inscrit

多边形

　　一个多边形是由三条或三条以上的线段组成的闭图，也就是说多边形是首尾连接的一条折线。

　　n 边形有 n 条边、n 个顶点、n 个角，内角和等于$(n-2) \times 180°$。

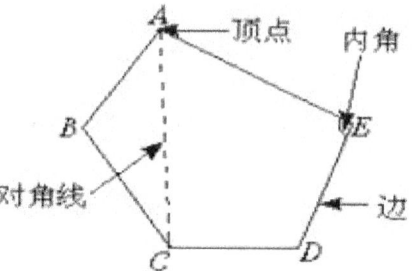

对角线

　　一个多边形的对角线是一条连接两个顶点的线段并且不是多边形的一条边。过n边形一个顶点有$n-3$条对角线，那么n边形共有$n(n-3) \div 2$个对角线。

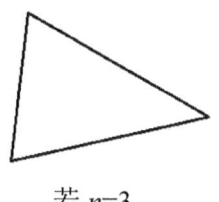 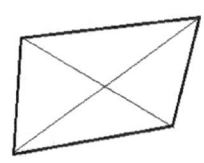 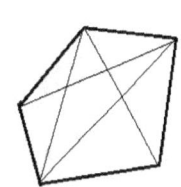

若 $n=3$，则没有对角线。	若 $n=4$，则有两条对角线。	若 $n=5$，则有四条对角线。

正多边形

各边相等,各角也相等的多边形是正多边形。正多边形的外接圆和内切圆的圆心叫做正多边形的"中心"。

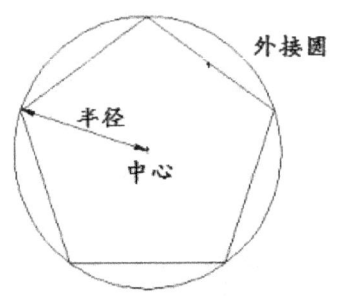

正多边形的外接圆连接所有的顶点,它的圆心是正多边形的中心。

正多边形的内切圆与所有的边相切,它的圆心是正多边形的中心。内切圆的半径是正多边形的"边心距",也就是说中心到边的距离。

题
1.为什么 n 边形的内角和等于 $(n-2) \times 180°$?

9-19 Convex and concave polygons

9-19 Polygones convexes et concaves

9-19 凸多边形和凹多边形

汉语	English	Français
凹多边形 āo duōbiānxíng	concave polygon	polygone concave
凸多边形 tū duōbiānxíng	convex polygon	polygone convexe
凹凸性 āotūxìng	convexity	concavité
任意 rènyì	any, chosen at will	quelque soit, quelconque, fixé
所有 suǒyǒu	all	tous les
内 nèi	inside	intérieur
外 wài	outside	extérieur
否则 fǒuzé	if not	sinon
内角和 nèijiǎo hé	sum of interior angles	somme des angles intérieurs
外角和 wàijiǎo hé	sum of exterior angles	somme des angles extérieurs

凸多边形和凹多边形

有一个多边形 F，对在 F 内的任意两个点 A、B，如果线段 AB 上的所有点都在图形 F 内，那么 F 是凸多边形，否则是凹多边形。

凸多边形 F：　　　　　　　　凹多边形 F'：

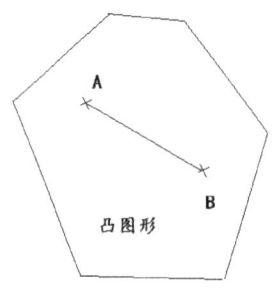
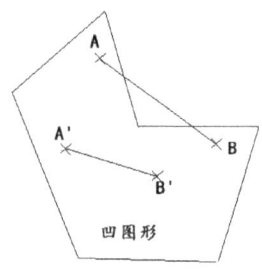

因为对在 F 内的任意两个点 A、B，线段 AB 不过图形外，也就是说线段的所有点都在图形内，所以 F 是凸多边形。

凸多边形外角和是 360°。凸 n 边形内角和等于 $(n-2) \times 180°$。

因为存在着在 F' 内的两个点 A、B 使得线段 AB 过图形外，也就是说线段有一些点在图形 F' 外，所以 F' 是凹多边形。

题
1. 说一说凹字和凸字分别画出的图形是凹多边形还是凸多边形。

9-20 Quadrilaterals 1

9-20 Quadrilatères 1

9-20 四边形 1

汉语	English	Français
四边形 sìbiānxíng	quadrilateral	quadrilatère
特殊 tèshū	particular	particulier
对边 duìbiān	opposite side	côté opposé
邻边 línbiān	adjacent side	côté adjacent
高 gāo	height, altitude	hauteur
底 dǐ	base (side)	base (côté)
腰 yāo	leg	côté qui n'est pas une base
梯形 tīxíng	trapezoid, trapezium	trapèze
一定 yīdìng	definitely	forcément
平行四边形 píngxíng sìbiānxíng	parallelogram	parallélogramme

四边形

　　一个四边形是有四条边的多边形，它有两条对角线，两组对边，四组邻边。

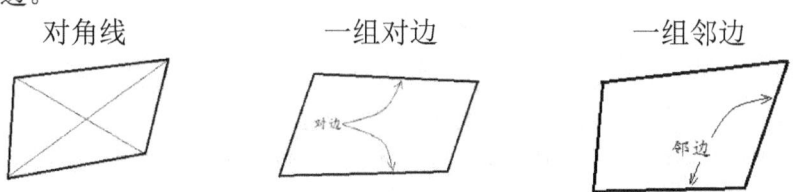

梯形

　　梯形是一种特殊四边形，它的一组对边平行，另一组对边不平行。两条平行边叫底，两条不平行边叫腰。

$$S_{梯形} = \frac{底_1 + 底_2}{2} \times 高$$

　　如果梯形的两条腰相等，那么是等腰梯形。如果梯形的一条腰与底边垂直，那么是直角梯形。

平行四边形

　　平行四边形是一种特殊四边形，它的两组对边分别平行。它的对角线互相平分。

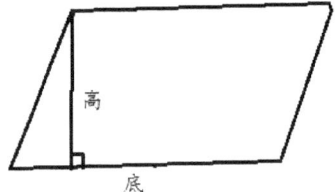

$$S_{平行四边形} = 底 \times 高$$

题
1. 讲一讲，四边形、梯形和平行四边形的定义和性质。
2. 讲一讲怎么计算四边形、梯形和平行四边形的面积。

9-21 Quadrilaterals 2

9-21 Quadrilatères 2

9-21 四边形 2

汉语	English	Français
条件 tiáojiàn	condition	condition

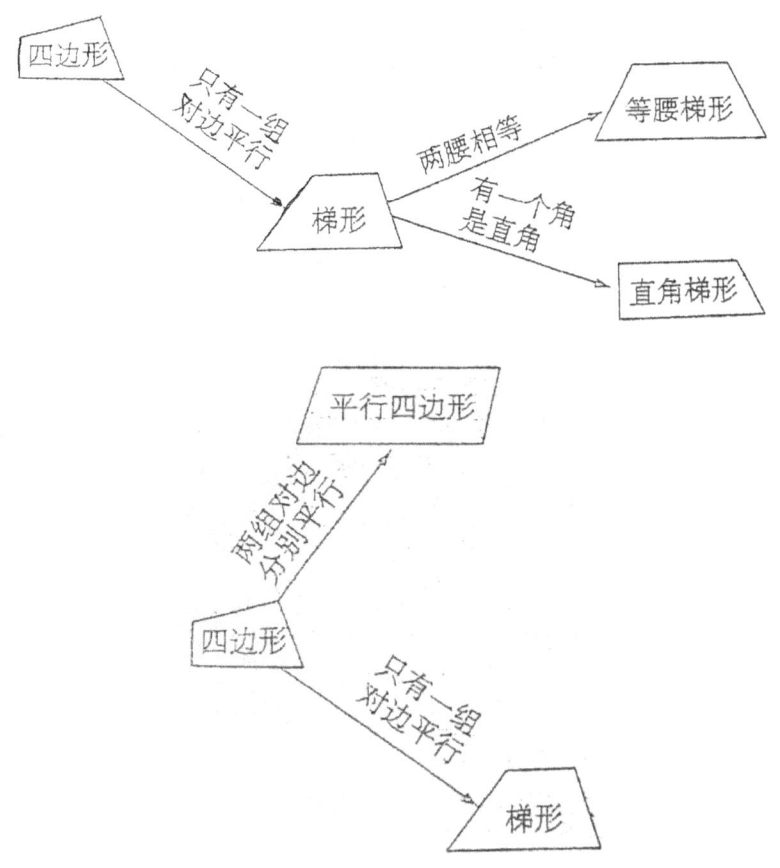

题
1.有一个四边形，最少要加上什么条件才能得到一个梯形？

2.有一个四边形，最少要加上什么条件才能得到一个平行四边形？

3.有一个梯形，最少要加上什么条件才能得到一个等腰梯形？

4.有一个梯形，最少要加上什么条件才能得到一个直角梯形？

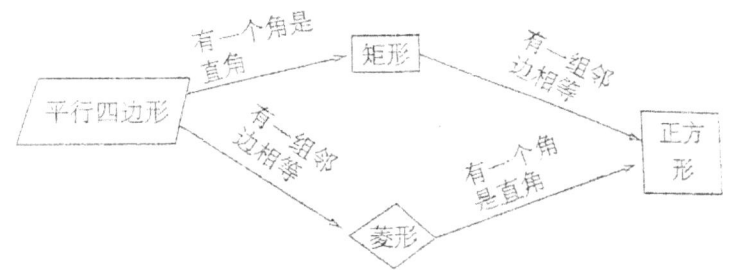

5.有一个平行四边形。最少要加上什么条件才能得到一个矩形？最少要加上什么条件才能得到一个菱形？最少要加上什么条件才能得到一个正方形？

9-22 Particular quadrilaterals

9-22 Quadrilatères particuliers

9-22 特殊平行四边形

汉语	English	Français
特殊 tèshū	particular	particulier
平行四边形 píngxíng sìbiānxíng	parallelogram	parallélogramme
矩形 jǔxíng	rectangle	rectangle
长方形 chángfāngxíng	rectangle	rectangle
正方形 zhèngfāngxíng	square	carré
菱形 língxíng	rhombus	losange
一定 yīdìng	definitely	forcément
条件 tiáojiàn	condition	condition
分成 fēnchéng	share into	partager en
且 qiě	and	et

矩形

  矩形是一种特殊平行四边形，它的两组对边分别平行，并且它的邻边垂直。矩形也叫长方形。它比较长的边叫长，比较短的叫宽。它的对角线互相平分且相等，可是不一定垂直。

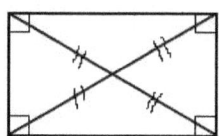

$S_{矩形} = 长 \times 宽$

菱形

　　菱形是一种特殊平行四边形，它的两组对边分别平行，并且它的邻边相等。它的对角线垂直，可是不一定相等。

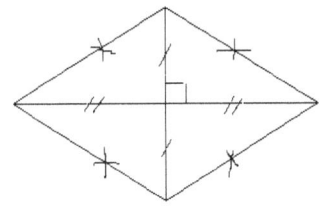

$$S_{菱形} = 边 \times 高 = \frac{对角线_1 \times 对角线_2}{2}$$

正方形

　　正方形是一种特殊平行四边形，它的两组对边分别平行，并且它的邻边垂直且相等。正方形是一种特殊的矩形，也是一种特殊的菱形。它的对角线互相平分且相等。

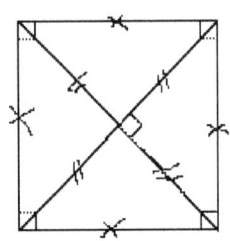

$$S_{正方形} = 边长^2 = \frac{对角线的长^2}{2}$$

题

1. 矩形 ABCD 被两条对角线分成四个小三角形。作图。四个小三角形的周长之和为 84 cm，长方形的对角线长 13 cm，长方形的周长是多少？
2. 已知菱形的两条对角线长分别是 8 cm 和 6 cm。作图。菱形的面积是多少？菱形的周长是多少？

9-23 Symmetries and projections

9-23 Symétries et projections

9-23 对称和射影

汉语	English	Français
中心对称 zhōngxīn duìchèn	central symmetry	symétrie centrale
对称中心 duìchèn zhōngxīn	center of symmetry	centre de symétrie
旋转 xuánzhuǎn	revolve, rotate	rotation, tourner
绕 rào	around	autour de
重合 chónghé	to be coincident, coincide	être confondus
某 mǒu	some, certain	un certain
轴对称 zhóu duìchèn	axial symmetry	symétrie axiale
对称轴 duìchèn zhóu	axis of symmetry	axe de symétrie
沿着 yánzhe	along	en suivant
折叠 zhédié	fold	plier
射影 shèyǐng	projection	projection
变换 biànhuàn	transformation	transformation

中心对称

如果把某个图形绕某个点旋转 180 度后的图形与原来的图形重合，那么这个图形是中心对称图形，这个点是图形的对称中心。

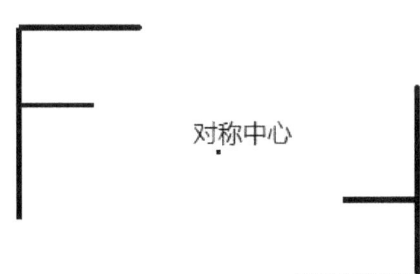

轴对称

当把一个图形沿着某一条直线折叠时，如果直线两旁的部分重合，那么这个图形是轴对称图形。

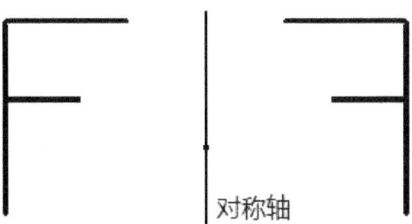

射影

射影是一种几何变换。沿着一个固定的直线方向 δ，某个点 P 在某条直线 d 上的射影 P' 使得点 P' 在直线直线 d 上且直线 PP' 平行于 δ。

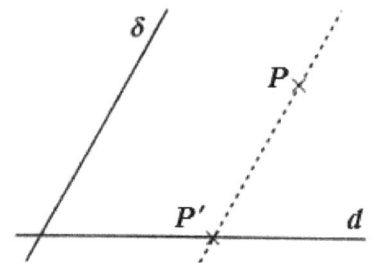

9-24 Transformations

9-24 Transformations

9-24 变换

汉语	English	Français
变换 biànhuàn	transformation	transformation
平移 píngyí	translation	translation
向量 xiàngliàng	vector	vecteur
形状 xíngzhuàng	form	forme
方向 fāngxiàng	direction, orientation	direction, orientation
旋转 xuánzhuǎn	revolve, rotate	rotation, tourner
绕 rào	around	autour de
顺时针方向 shùn shízhēn fāngxiàng	clockwise	sens direct
逆时针方向 nì shízhēn fāngxiàng	anticlockwise / counterclockwise	sens indirect
位似变换 wèisì biànhuàn	homothetic transformation	homothétie
比 bǐ	ratio, scale factor	rapport
放大 fàngdà	enlarge	agrandir
缩小 suōxiǎo	reduce	réduire
相似变换 xiāngsì biànhuàn	similarity	similitude
复合 fùhé	composition	composition
恒同变换 héngtóng biànhuàn	identity (transformation)	identité (transformation)

平移

　　平移是一种几何变换。如果要把一个点按向量$\vec{v}$平移，那么要在这个点上加上这个向量，得到另一个点。可以说，平移一个图形要把所有的点向同一个方向移动相同距离。平移后的图形与原图形的形状、大小和方向一样。

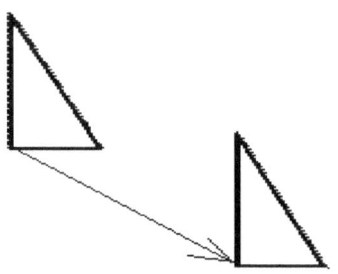

旋转

　　旋转是一种几何变换。如果要经过一个旋转得到某个点的对应点，那么要把这个点绕旋转中心 O 旋转一个固定角度。

　　根据角度的方向，旋转分为顺时针方向旋转和逆时针方向旋转两种。

　　中心对称是一种 180 度的旋转。

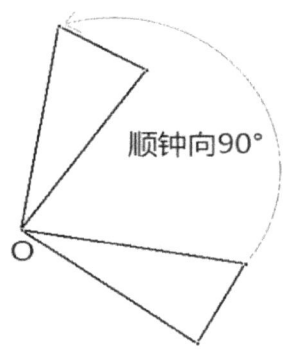

轴对称

　　轴对称是一种几何变换。某个点与它关于一条对称轴的对应点所组成的线段使得对称轴为这个线段的垂直平分线。

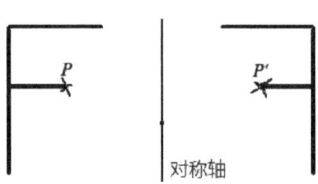

位似变换

　　位似变换是一种几何变换。经过一个位似变换，某个点 P 的对应点 P' 使得 P、P' 与点 O 共线，而且 $OP/OP' = k$。点 O 是位似中心，常数 $k \neq 0$ 是位似比。

　　如果位似比的绝对值大于 1，那么位似变换把图形的大小放大。而相反地，如果位似比的绝对值小于 1，那么位似变换把图形的大小缩小。

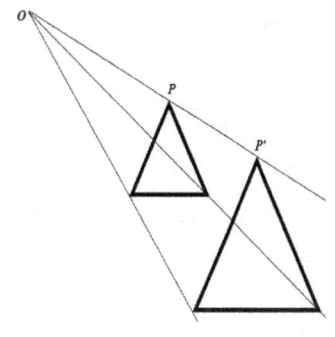

相似变换

　　相似变换是一种几何变换。相似变换可以为平移、旋转、轴对称、位似变换或者前面两者的复合变换。

恒同变换

　　恒同变换是一种退化几何变换。经过恒同变换，某个点的对应点就是这个点自身。

9-25 Spirals and sinusoids

9-25 Spirales et sinusoïdes

9-25 螺线和正弦曲线

汉语	English	Français
螺线 luóxiàn	spiral	spirale
正弦曲线 zhèngxián qūxiàn	sinusoid	sinusoïde
正弦 zhèngxián	sine	sinus
曲线 qūxiàn	curve	courbe
是指 shì zhǐ	to refer to	désigner
围着 wéizhe	around	autour de
定点 dìngdiǎn	fixed point	point fixe
旋转 xuánzhuǎn	revolve, rotate	rotation, tourner
收缩 shōusuō	to contract	se contracter
扩展 kuòzhǎn	to expand	se dilater
函数 hánshù	function	fonction
坐标系 zuòbiāoxì	coordinate system	repère (système de coordonnées)
相位 xiàngwèi	phase	phase
初相 chūxiàng	initial phase	phase à l'origine
角频率 jiǎo pínlǜ	angular frequency	fréquence angulaire
振幅 zhènfú	amplitude	amplitude
偏距 piānjù	offset	décalage

螺线

在平面中，螺线是指围着一个定点旋转而且收缩或扩展的曲线。

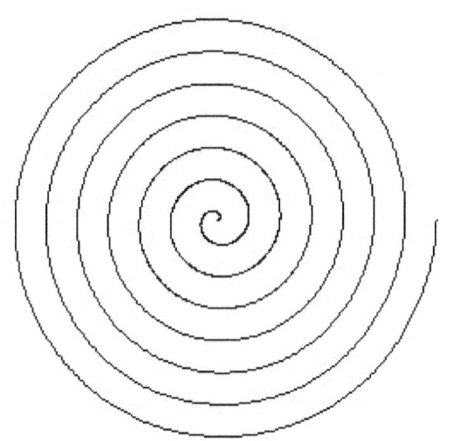

正弦曲线

正弦曲线是函数 $y = A\sin(\omega x + \phi) +$ 在平面坐标系中的图像，其中 $\omega x + \phi$ 是相位，ϕ 是初相、ω 是角频率、A 是振幅、k 是偏距。

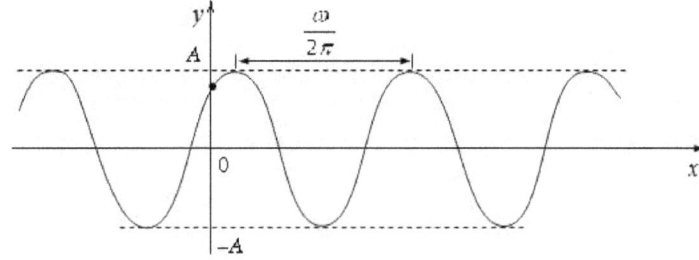

10. Space geometry

10. Géométrie dans l'espace

10. 空间几何

10-1 Planes and lines

10-1 Plans et droites

10-1 面和直线

汉语	English	Français
空间 kōngjiān	space	espace
空间几何 kōngjiān jǐhé	space geometry	géométrie dans l'espace
面 miàn	surface, face	surface, face
平面 píngmiàn	plane surface, plane	surface plane, plan
曲面 qūmiàn	curved surface	surface courbe
位置关系 wèizhi guānxi	relative positions	positions relatives
严格 yángé	strict	stricte
共面 gòngmiàn	coplanar	coplanaires

平面与曲面
    空间有平面和曲面：

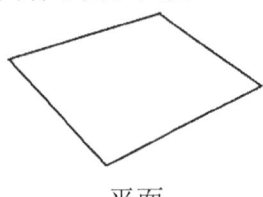

平面

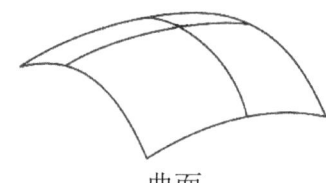

曲面

平面的位置关系
    两个平面或者平行或者相交：

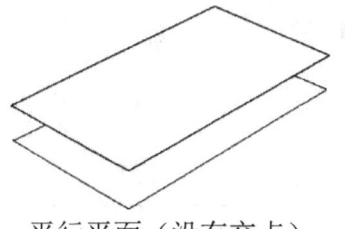
平行平面（没有交点）

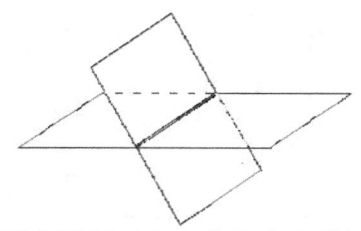
相交平面（有一条相交直线）

直线与平面的位置关系
    空间的一条直线和一个平面的位置关系如下：

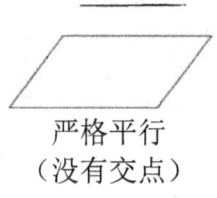
严格平行
（没有交点）

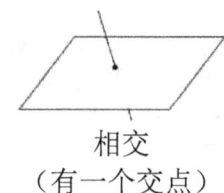
相交
（有一个交点）

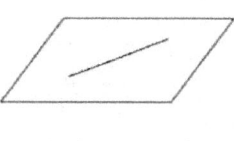
直线在平面内

空间直线的位置关系
    空间的两条直线或者共面或者不共面：

共面

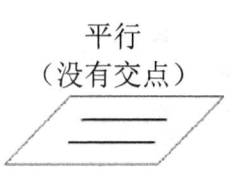
平行
（没有交点）

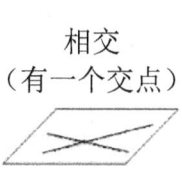
相交
（有一个交点）

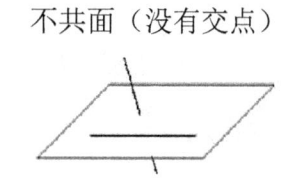
不共面（没有交点）

题
1. 讲一讲空间直线的位置关系。
2. 空间的三个点一定同面吗？四个点呢？

10-2 Polyhedrons

10-2 Polyèdres

10-2 多面体

汉语	English	Français
立体几何 lìtǐ jǐhé	solid geometry	géométrie des solides
立体 lìtǐ	three-dimensional	tridimensionnel
多面体 duōmiàntǐ	polyhedron	polyèdre
棱 léng	edge	arête
长方体 chángfāngtǐ	cuboid	pavé droit, parallélépipède rectangle
透视图 tòushì tú	drawing in perspective	dessin en perspective
展开图 zhǎnkāi tú	development graph	patron, développement
正 zhèng	regular	régulier
四面体 sìmiàntǐ	tetrahedron	tétraèdre
六面体 liùmiàntǐ	hexahedron	hexaèdre
正方体 zhèngfāngtǐ	cube	cube
立方体 lìfāngtǐ	cube	cube
八面体 bāmiàntǐ	octahedron	octaèdre
十二面体 shíèrmiàntǐ	dodecahedron	dodécaèdre
二十面体 èrshímiàntǐ	icosahedron	icosaèdre
体积 tǐjī	volume	volume
欧拉 Ōulā	Euler	Euler

多面体

　　立体几何学立体图形，其中有多面体，是由几个平面组成的立体，这些平面的交线叫棱。

长方体

　　　长方体的透视图　　　　　　　长方体的展开图

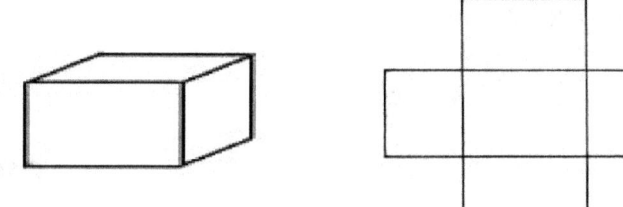

　　长方体是一种六面体，它有六个面，都是矩形，对面相等和平行，有 12 条棱，有 8 个顶点。长方体的体积为 $V = abc$（a、b、c 分别是长方体棱的长度）。

正多面体

　　面都是相等的正多边形的多面体叫正多面体。有且只有五种正多面体：

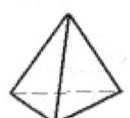	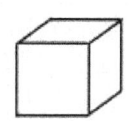			
正四面体有 4 个面，都是大小相等的等边三角形，有 6 条相等的棱，有 4 个顶点。	正方体有 6 个面，都是大小相等的正方形，有 12 条相等的棱，有 8 个顶点。如果棱是 a，那么体积为 $V = a^3$。	正八面体有 8 个面，都是大小相等的等边三角形，有 12 条棱，长度相等，有 6 个顶点。	正十二面体有 12 个面，都是大小相等的五边形，有 30 条相等的棱，有 20 顶点。	正二十面体有 20 个面，都是大小相等的等边三角形，有 30 条相等的棱，有 12 个顶点。

　　正多面体的顶点数 S、棱数 E 和面数 F 满足欧拉公式 $S + F = E + 2$。

10-3 Cylinders and prisms

10-3 Cylindres et prismes

10-3 柱体

汉语	English	Français
立体 lìtǐ	three-dimensional	tridimensionnel
柱体 zhùtǐ	cylinder, prism	cylindre, prisme
底面 dǐmiàn	base (surface)	base (face)
侧面 cèmiàn	lateral face	face latérale
直柱体 zhí zhùtǐ	right cylinder, right prism	cylindre droit, prisme droit
斜柱体 xié zhùtǐ	non-right cylinder, non-right prism	cylindre oblique, prisme oblique
圆柱体 yuánzhùtǐ	circular cylinder	cylindre de révolution
旋转体 xuánzhuǎntǐ	solid of revolution	solide de révolution
展开 zhǎnkāi	distribute (a product), unfold (a solid)	développer (un produit ou un solide)
矩形 jǔxíng	rectangle	rectangle
棱柱体 léngzhùtǐ	prism	prisme
平行四边形 píngxíngsìbiānxíng	parallelogram	parallélogramme
非 fēi	not, non-	non
三棱柱体 sānléngzhùtǐ	triangular prism	prisme triangulaire
长方体 chángfāngtǐ	cuboid	pavé droit, parallélépipède rectangle
正方体 zhèngfāngtǐ	cube	cube
正 zhèng	regular	régulier

题
1. 一个正直六棱柱体是什么？为什么三棱锥体也叫做四面体？
2. 读下列命题："柱体两个互相平行的面，叫做柱体的底面"，"柱体两个底面的距离叫做柱体的高"，"柱体除了两个底面以外的面都叫做柱体的侧面"，"棱柱体两个侧面的公共边叫做棱柱体的侧棱"，"棱柱体侧面与底面的公共顶点叫做棱柱体的顶点"。

柱体

柱体是一种立体图形，它有两个相等并且平行的面叫做底面，其他面叫做侧面。柱体的高是两个底面之间的距离，体积是底面积与高的乘积：$V = 高 \times 底面积$。

如果任何一条高线平行于所有的侧面，那么柱体是直柱体，不然是斜柱体。

圆柱体

圆柱体是一种特别的柱体，没有棱也没有顶点，它的两个底面是圆形，侧面只有一个，是曲面，可以展开为四边形。

圆柱体是一种旋转体。

圆柱体的底面积为圆形的面积。体积是这个底面积与高的乘积。

直圆柱体的侧面展开为一个矩形，侧面积是这个矩形的面积，为底面的周长与柱体高的乘积。

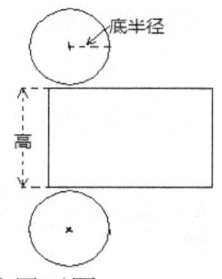

直圆柱展开图

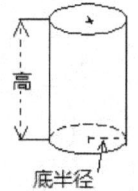

直圆柱透视图

棱柱体

棱柱体是一种特别的柱体，它的两个底面是多边形，侧面都是平行四边形。如果柱体的底面是n边形，那么柱体叫做n棱柱体，它有$2n$个顶点和$3n$条棱，其中有n条互相平行并且长度相等的侧棱。

如果侧棱垂直于底面，那么棱柱体叫做直棱柱体，侧面都是矩形，侧面积为底面的周长与柱体高的乘积。不然，侧棱不垂直于底面，那么棱柱体叫做斜棱柱体，侧面是非矩形的平行四边形。

如果底面是三角形，那么棱柱体是三棱柱体。另外，长方体和正方体可以看为特别的四棱柱体。

底面是正多边形的棱柱体叫做正棱柱体。正直棱柱体的侧面都是相等的矩形。

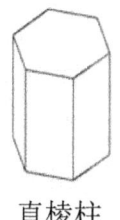

直棱柱

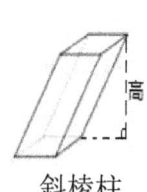

斜棱柱

10-4 Cones and pyramids

10-4 Cônes et pyramides

10-4 锥体

汉语	English	Français
锥体 zhuītǐ	cone, pyramid	cône, pyramide
圆锥体 yuánzhuītǐ	cone	cône
棱锥体 léngzhuītǐ	pyramid	pyramide
扇形 shànxíng	circular sector	secteur circulaire
旋转体 xuánzhuǎntǐ	solid of revolution	solide de révolution
直圆锥体 zhí yuánzhuītǐ	right cone	cône droit
斜圆锥体 xié yuánzhuītǐ	non-right cone	cône oblique
正直棱锥体 zhèngzhí léngzhuītǐ	regular pyramid	pyramide régulière
圆台 yuántái	conic frustum	tronc de cône
棱台 léngtái	pyramidal frustum	tronc de pyramide

题
1.一个正直六棱锥体是什么？什么三棱锥体也叫做四面体？

锥体
　　锥体是一种立体图形，它有一个底面和一个底面外的顶点。锥体的高是顶点到底面的距离，体积是三分之一底面积与高的乘积：$V = \frac{1}{3}$ 高 × 底面积。

圆锥体

圆锥体是一种特别的锥体，它的底面是圆形，侧面只有一个，是曲面，可以展开为扇形。

圆锥体是一种旋转体。

圆锥体的底面积为圆形的面积。

如果过顶点的高线也过底面的圆心，那么是一个直圆锥体，不然是斜圆锥体。

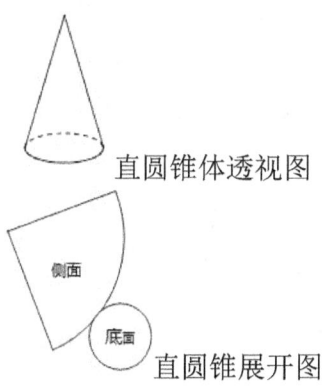

直圆锥体透视图

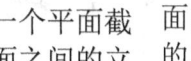

直圆锥展开图

棱锥体

棱锥体是一种特别的锥体，它的底面是多边形，侧面都是三角形。如果锥体的底面是n边形，那么锥体叫做n棱锥体，它有$n+1$个顶点和$2n$条棱。

四面体可以看为底面是三角形的棱锥体。

如果棱锥体的底面是正多边形而且高线过底面的中心，那么是一个正直棱锥体，侧面都是相等的等腰三角形。

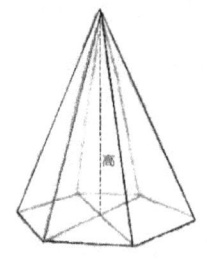

正直棱锥

圆台

圆台是，一个圆锥被平行于它的底面的一个平面截以后，截面与底面之间的立体。圆台是一种旋转体。圆台的高是两个底面之间的距离。

圆台

棱台

棱台是，一个棱锥被平行于它的底面的一个平面截以后，截面与底面之间的立体。如果棱台的底面是n边形，那么棱台叫做n棱台，它有$2n$个顶点和$3n$条棱。棱台的高是两个底面之间的距离。

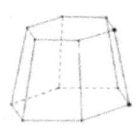

六棱台

10-5 Spheres

10-5 Sphères

10-5 球

汉语	English	Français
球 qiú	sphere, ball	sphère, boule
球面 qiúmiàn	sphere	sphère
曲面 qūmiàn	curved surface	surface courbe
球体 qiútǐ	ball	boule
大圆 dà yuán	great circle	grand cercle
地球 dìqiú	Earth	la Terre

球体和球面

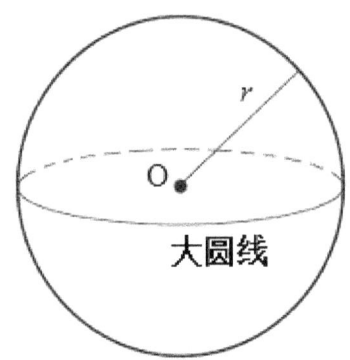

大圆线

　　球面是到定点 O 的距离等于定长 r 的所有点所组成的立体图形，这个定点 O 和定长 r 分别是球面的球心和半径。球面是一种连续曲面。
　　由球面围成的几何体叫做球体。球体也可以说是到定点 O 的距离小于或等于定长 r 的所有点所组成的立体，这个定点 O 和定长 r 分别是球体的球心和半径。

$$球面积 = 4\pi r^2 \qquad 球体积 = \frac{4}{3}\pi r^3$$

大圆是球面上半径等于球半径的圆线。

题
1. 假设地球是一个半径为 6378 km 的球体，计算地球的表面积和体积。
2. 可以说地球扁率为 1/297，是怎么计算的？

10-6 Helixes, toruses, Möbius strips

10-6 Hélices, tores, ruban de Möbius

10-6 螺旋、环面、莫比乌斯带

汉语	English	Français
螺旋 luóxuán	helix	hélice
曲线 qūxiàn	curve	courbe
双股螺旋 shuānggǔ luóxuán	double helix	double hélice
环面 huánmiàn	torus	tore
曲面 qūmiàn	curved surface	surface courbe
莫比乌斯带 Mòbǐwūsī dài	Möbius strip	ruban de Möbius
边界 biānjiè	boundary	frontière

螺旋

螺旋是空间中的一种曲线。

双股螺旋是由两个螺旋组成的。

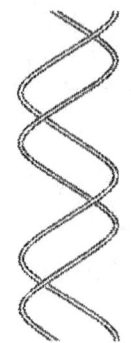

环面

　　环面是空间中的一种曲面。

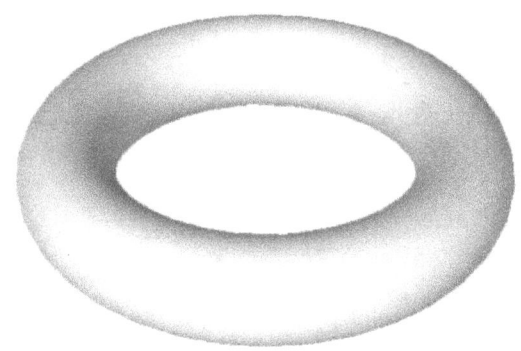

莫比乌斯带

　　莫比乌斯带是空间中的一种曲面，它只有一个面和一个边界。

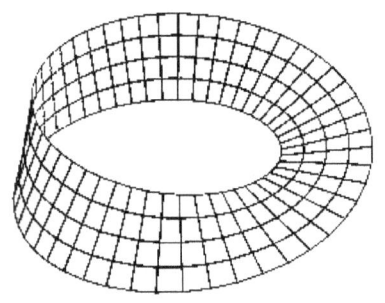

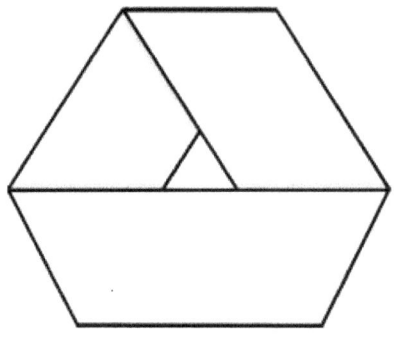

11. Coordinate systems

11. Repères et coordonnées

11. 坐标系

11-1 Localization and coordinate systems

11-1 Repérage et repères

11-1 定位和坐标系

汉语	English	Français
解析几何 jiěxī jǐhé	analytic geometry	géométrie analytique
分支 fēnzhī	field, branch, sector	branche
坐标几何 zuòbiāo jǐhé	coordinate geometry	géométrie analytique
实数 shíshù	real number	nombre réel
实数轴 shíshù zhóu	real number line	droite des réels, droite réelle
规定 guīdìng	to stipulate	fixer, stipuler
原点 yuándiǎn	origin	origine
正方向 zhèng fāngxiàng	orientation	orientation
单位长度 dānwèi chángdù	length unit	unité de longueur
规定 guīdìng	to stipulate	fixer, stipuler
一一对应 yīyī duìyìng	one-to-one correspondence	correspondance biunivoque
定位 dìngwèi	localization	repérage
坐标 zuòbiāo	coordinate	coordonnée
坐标系 zuòbiāoxì	coordinate system	repère (système de coordonnées)
平面 píngmiàn	plane surface, plane	surface plane, plan
空间 kōngjiān	space	espace
横 héng	horizontal (in space or a plane)	horizontal (dans l'espace ou un plan)
纵 zòng	perpendicular to the horizontal (in a plane)	perpendiculaire à l'horizontale (dans un plan)
竖 shù	vertical (in space)	vertical (dans l'espace)
二维 èr wéi	two-dimensional	bidimensionnel
三维 sān wéi	three-dimensional	tridimensionnel

解析几何
　　解析几何是几何的一个分支，它用坐标和代数方法，也叫坐标几何。

定位和实数轴
　　实数轴是规定了原点、正方向和单位长度的一条直线。实数与数轴上的点一一对应。

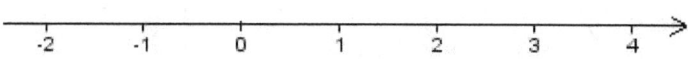

坐标系
　　平面的坐标系如下。有 x 轴和 y 轴。x 是横坐标、y 是纵坐标。因为有两个坐标，所以说平面的坐标系是二维坐标。图：

　　空间的坐标系如下。有 x 轴、y 轴和 z 轴。x 是横坐标、y 是纵坐标、z 是竖坐标。因为有三个坐标，所以说平面的坐标系是三维坐标。图：

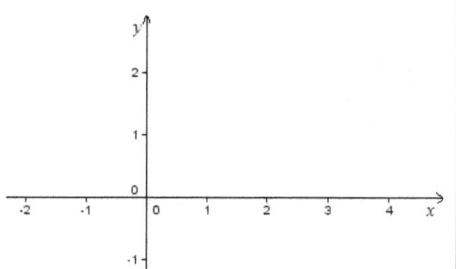
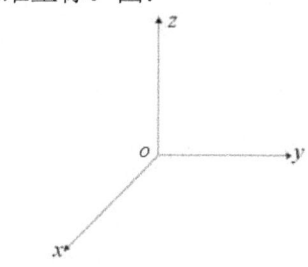

11-2 Equations of straight lines and conic sections

11-2 Équations des droites et des coniques

11-2 直线和圆锥曲线的方程

汉语	English	Français
直线 zhíxiàn	straight line	droite
圆锥曲线 yuán zhuī qūxiàn	conic section	conique
方程 fāngchéng	equation	équation
圆 yuán	circle, disk	cercle, disque
椭圆 tuǒyuán	ellipse	ellipse
抛物线 pāowùxiàn	parabola	parabole
双曲线 shuāngqūxiàn	hyperbola	hyperbole

直线方程

平面中直线的方程是一个二元一次方程，一般形式为 $ax + by + c = 0$，其中 x 和 y 是直线上某个点的坐标，a、b、c 是常数。

圆锥曲线方程

平面中圆锥曲线（椭圆、抛物线、双曲线）的方程都是一个二元二次方程。比如，圆形方程的一般形式为$(x-a)^2+(y-b)^2=r^2$，其中 x 和 y 是圆形上某个点的坐标，a 和 b 是圆心的坐标，$|r|$是圆形的半径。

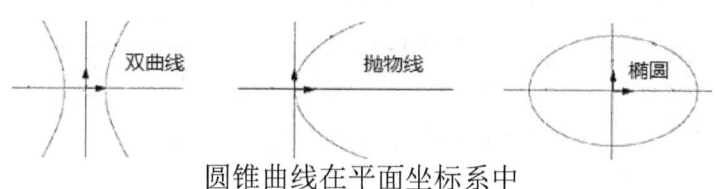

圆锥曲线在平面坐标系中

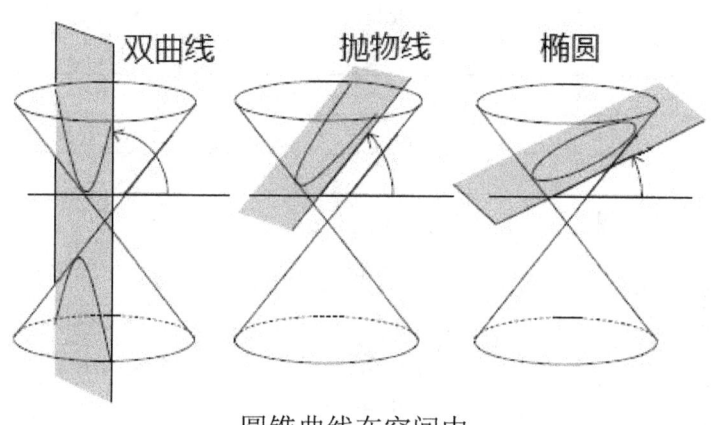

圆锥曲线在空间中

11-3 Latitude and longitude

11-3 Latitude et longitude

11-3 经纬度

汉语	English	Français
大圆 dà yuán	great circle	grand cercle
地球 dìqiú	Earth	la Terre
自西往东 zì xī wǎng dōng	from West to East	d'Ouest en Est
自转 zìzhuàn	rotation	rotation
表面 biǎomiàn	surface	surface
南极 nánjí	South Pole	pôle Sud
北极 běijí	North Pole	pôle Nord
赤道 chìdào	equator	équateur
经线 jīng xiàn	meridian	méridien
弧 hú	arc	arc
子午线 zǐwǔxiàn	meridian	méridien
本初子午线 běnchūzǐwǔxiàn	first meridian	méridien origine
规定 guīdìng	to stipulate	fixer, stipuler
格林威治 Gélínwēizhì	Greenwich	Greenwich
纬线 wěixiàn	line of latitude (parallel)	parallèle (latitude)
截线 jiéxiàn	intersecting line	ligne d'intersection
经纬度 jīngwěi dù	longitude and latitude	longitude and latitude
坐标系 zuòbiāoxì	coordinate system	repère
经度 jīngdù	longitude	longitude
纬度 wěidù	latitude	latitude

地球

地球自西往东自转，自转轴与地球表面的交点是南极和北极。在地球表面上距离南北两极相等的大圆叫赤道。

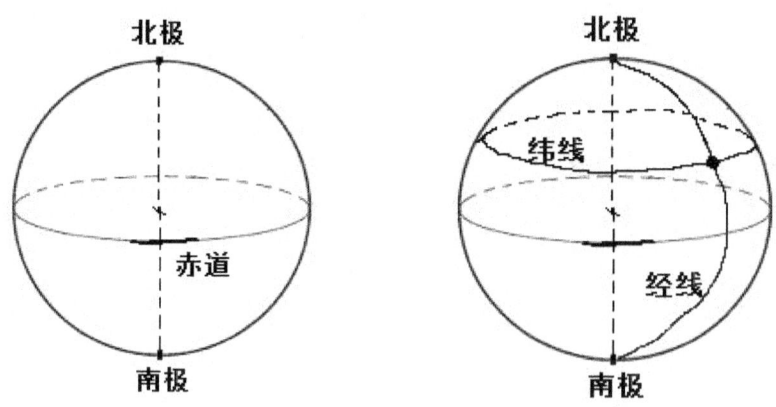

经线是地球上连接南极和北极的大圆线上的半圆弧。经线也叫子午线。本初子午线规定为格林威治子午线。

纬线是平行于赤道面的平面和地球表面的截线。

经纬度

经纬度是地理用的坐标系。

地球上某个点的经度是过这个点的经线离本初子午线以东或以西的度数，经度的数值在 0 和 180 之间。

地球上某个点的纬度是过这个点的经线到赤道的圆弧的角度，纬度的数值在 0 和 90 之间。

12. Functions

12. Fonctions

12. 函数

12-1 Maps

12-1 Applications

12-1 映射

汉语	English	Français
映射 yìngshè	map	application
设 shè	to set	poser, définir
非空 fēi kōng	nonempty	non vide
集合 jíhé	set	ensemble
元素 yuánsù	element	élément
对应 duìyìng	to correspond	correspondre
关系 guānxi	relation	relation
唯一 wéiyī	unique	unique
确定 quèdìng	fixed, set	déterminé
法则 fǎzé	law, rule	loi, règle
象 xiàng	image of an element	image
原象 yuánxiàng	fiber, preimage	antécédent
定义域 dìngyìyù	domain	ensemble de définition
陪域 péiyù	codomain	ensemble d'arrivé
值域 zhíyù	image (of the domain)	image de l'ensemble de définition
子集 zǐjí	subset	sous-ensemble
建立 jiànlì	establish	établir
一对多 yī duì duō	one-to-many	de un vers plusieurs

映射

设 X 与 Y 两个非空集合，也就是说一定有元素的两个集合，从 X 到 Y 的映射 f 是集合 X 与 Y 的元素之间的一种对应关系，X 中的每个元素 x 对应 Y 中的唯一确定元素 y。可以说从集合 X 到集合 Y 的映射 f 是集合 X 与 Y 的元素之间的一种对应法则。

y 是 x 的象，记作 $y=f(x)$，而 x 是 y 的原象。从 X 到 Y 的映射 f 记作 $f: X \rightarrow Y$。集合 X 是映射 f 的定义域，集合 Y 是映射 f 的陪域。集合 $f(X)$ 是映射 f 的值域，是陪域 Y 的一个子集。

例子 1：设 X={1,4,9}，Y={-3,-2,-1,1,2,3}，集合 X 中的元素按照对应法则"开平方"和集合 Y 中的元素建立一对多的对应关系，不是集合 X 到集合 Y 的映射。

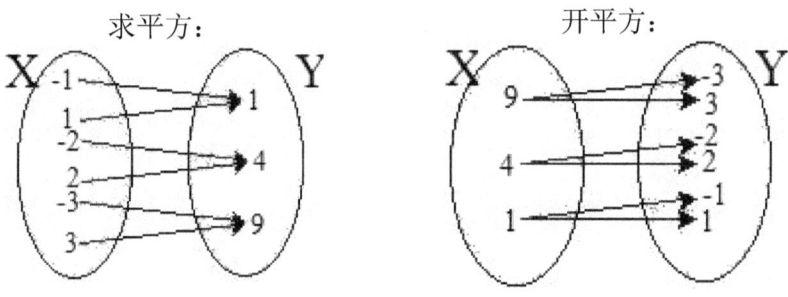

题
1. 讲一讲映射和定义域是什么。陪域和值域有什么区别？
2. 设 X={x|x 是三角形}，Y={y|y 是实数，y>0}，集合 X 中的元素按照对应法则"求面积"和集合 Y 中的元素建立的对应关系是否是映射？

12-2 Injective, surjective and bijective functions

12-2 Injections, surjections et bijections

12-2 单射、满射、双射

汉语	English	Français
若…，则… ruò …，zé…	if…, then…	si…, alors…
单射 dānshè	injective function	injection
满射 mǎnshè	surjective function, surjection, onto function	surjection
双射 shuāngshè	bijective function, bijection, one-to-one correspondence	bijection
一对一 yīduìyī	one-to-one	biunivoque
任何 rènhé	any	quelconque

单射和满射

若定义域 X 中不同的元素映射到 Y 中不同的元素,则映射是单射。

若陪域 Y 中的任何元素都对应定义域 X 的至少一个元素,则映射是满射,也就是说映射的值域 f(X) 等于整个陪域 Y。

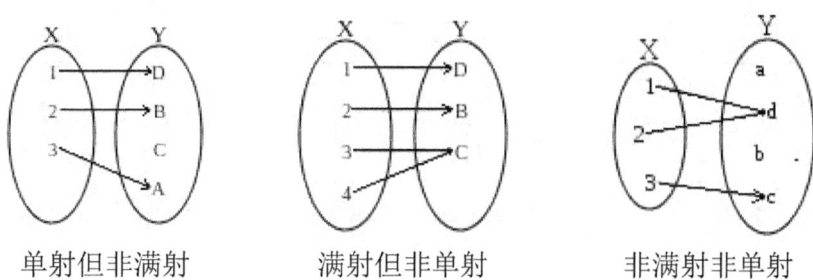

单射但非满射　　　　满射但非单射　　　　非满射非单射

例子:设 X={-3,-2,-1,1,2,3},Y={1,4,9},集合 X 中的元素按照对应法则"求平方"和集合 Y 中的元素建立多对一的对应关系,是集合 X 到集合 Y 的满射,但不是单射。

双射

若映射又是单射又是满射,则映射是双射,也叫一一对应。双射的定义域 X 中每个元素对应陪域 Y 的一个元素,而陪域 Y 的每个元素也对应定义域 X 的一个元素。

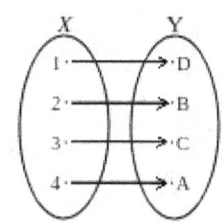

题

1. 设 X={x|x 是正方形},Y={y|y 是实数,y>0},集合 X 中的元素按照对应法则"求面积"和集合 Y 中的元素建立的对应关系是否是双射?

12-3 Functions

12-3 Fonctions

12-3 函数

汉语	English	Français
函数 hánshù	function	fonction
自变量 zìbiànliàng	free variable	variable libre
因变量 yīnbiànliàng	bound variable	variable liée
关系 guānxi	relation	relation
数集 shùjí	set of numbers	ensemble de nombres
定义域 dìngyì yù	domain	ensemble de définition
取值 qǔ zhí	take a value	prendre une valeur
范围 fànwéi	domain, range	domaine
任何 rènhé	any	quelconque
任意 rènyì	any, chosen at will	quelque soit, quelconque, fixé
唯一 wéiyī	unique	unique
对应 duìyìng	to correspond	correspondre
象 xiàng	image of an element	image
原象 yuánxiàng	fiber, preimage	antécédent
现象 xiànxiàng	phenomenon	phénomène
随着 suízhe	following	suivant
建立 jiànlì	establish	établir
模型 móxíng	model	modèle
过程 guòchéng	process	processus
建模 jiàn mó	to model, modeling	modéliser, modélisation
图像 túxiàng	graph	représentation graphique
解析式 jiěxīshì	analytic expression	expression analytique
公式 gōngshì	formula	formule

函数

一个函数 f 是两个数量的对应关系。有一个数量是自变量 x，而另一个是因变量 $y=f(x)$，一个变量是可以变化的数量。一个函数的定义域 D_f 是一个数集，在定义域 D_f 中，自变量 x 自由地取值，可以说定义域 D_f 是自变量 x 的取值范围。

自变量 x 在定义域 D_f 中的每个值都对应唯一一个值 $f(x)$，叫 x 的象，x 是 $f(x)$ 的原象。集合 $f(D_f)$ 是函数 f 的值域，也是一个数集。

可以用函数建立一个现象的模型。比如气温随着时间的变化是一种自然现象，可以把时间看为自变量，把气温看为因变量，把两个变量的关系看为一个函数。建立模型的过程叫做建模。

函数的图像

在一个平面坐标系中，点 $M(x, f(x))$ 画出的图形是函数 f 的图像。x 是点 M 的横坐标，$f(x)$ 是点 M 的纵坐标。

要注意的是，在坐标系中任何一个图形不一定是一个函数的图像。比如，如果横坐标 x 的一个值对应图上多个点，那么这个图形不是函数的图像。

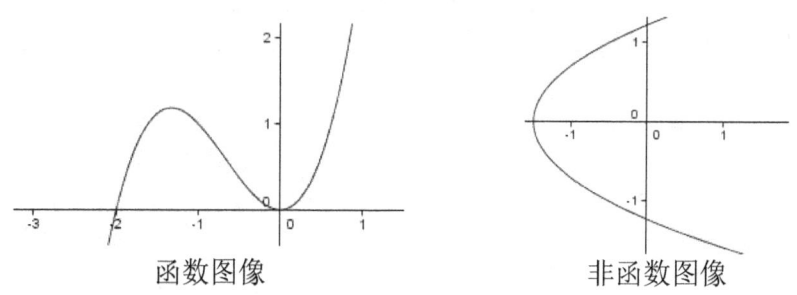

函数图像　　　　　　　　非函数图像

函数的解析式

一个函数 f 的解析式是自变量 x 和因变量 $y=f(x)$ 的关系式，也就是说是关于自变量 x 的公式。

题
1. 说一说函数和函数图像是什么。
2. 说一说为什么坐标系中任何一个图形不一定是函数的图像，举例子。

12-4 Monotonicity changes

12-4 Variations

12-4 增减性

汉语	English	Français
区间 qūjiān	interval	intervalle
含于 hán yú	contained in	contenu dans
任意 rènyì	any, chosen at will	quelque soit, quelconque, fixé
递增 dìzēng	grow	croître
增函数 zēnghánshù	increasing function	fonction croissante
上升 shàngshēng	go up	monter
递减 dìjiǎn	decrease	décroître
减函数 jiǎnhánshù	decreasing function	fonction décroissante
下降 xiàjiàng	go down	descendre
增减性 zēngjiǎnxìng	changes of monotonicity	variations
单调 dāndiào	monotonic, monotone	monotone
单调性 dāndiàoxìng	monotonicity	monotonie

函数的增减性

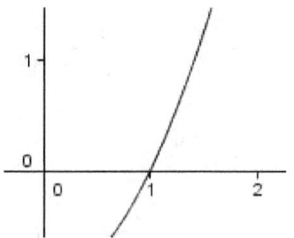 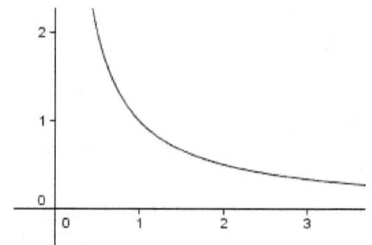

区间 X 含于函数 f 的定义域，任意两个数 a、b 在区间 X 上，a < b。如果 f(a) < f(b)，那么 f 在区间 X 上递增，可以说 f 是区间 X 上的增函数。在坐标系中，当 x 在区间 X 上时，f 的图像从左到右上升。

区间 X 含于函数 f 的定义域，任意两个数 a、b 在区间 X 上，a < b。如果 f(a) > f(b)，那么 f 在区间 X 上递减，可以说 f 是区间 X 上的减函数。在坐标系中，当 x 在区间 X 上时，f 的图像从左到右下降。

区间 X 含于函数 f 的定义域，如果函数 f 在区间 X 上，增减性不发生变化，就是说，或者是区间 X 上的增函数，或者是区间 X 上的减函数，那么可以说函数 f 是区间 X 上的单调函数。

12-5 Bounds and limits

12-5 Bornes et limites

12-5 有界性和极限

汉语	English	Français
有界 yǒu jiè	bounded	borné
有界性 yǒujièxìng	boundedness	propriété d'être borné
值域 zhíyù	image (of the domain)	image de l'ensemble de définition
上界 shàngjiè	upper bound	majorant
下界 xià jiè	lower bound	minorant
最小上界 zuì xiǎo shàngjiè	least upper bound	borne supérieure
最大下界 zuì dà xiàjiè	greatest lower bound	borne inférieure
夹在 jiāzài	caught between	coincé entre
无界 wújiè	unbounded	non borné
极限 jíxiàn	limit	limite
无限 wúxiàn	unlimited, unbounded	infini, illimité
趋近 qūjìn	to approach	s'approcher
趋于 qūyú	to approach	s'approcher
趋势 qūshì	trend, tendency	tendance
趋向 qūxiàng	direction, incline	direction, tendance

函数的有界性

定义域为 Df 的函数 f 是有界函数如果它的值域是有界的，也就是说存在实数 m 和 M 使得当 x 在 Df 中时，m≤f(x)≤M。实数 m 是函数的一个下界，M 是函数的一个上界。

如下图，有界函数 $f(x) = \cos x$ 的图像夹在方程为 $y = 1$ 和 $y = -1$ 那两条直线中间，是因为有界函数 $f(x) = \cos x$ 的最小上界是 1，最大下界是 −1。

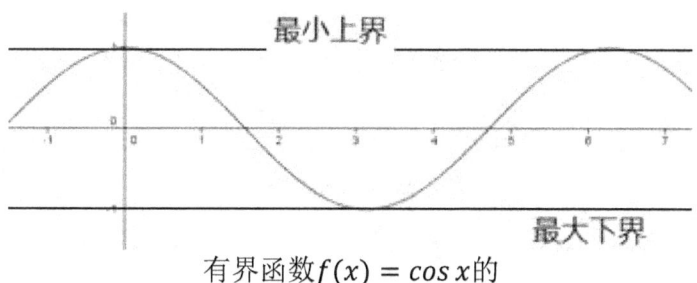

有界函数 $f(x) = \cos x$ 的

函数的极限

如果当自变量 x 无限趋近于 x_0 时，函数 $f(x)$ 无限趋近于常数 a，那么 a 是函数 $f(x)$ 当 x 趋于 x_0 的极限，记作 $\lim\limits_{x \to x_0} f(x) = a$。可以说极限是变量在一定的变化过程中逐渐稳定的一种变化趋势和所趋向的值。

12-6 Global and local extrema

12-6 Extrema globaux et locaux

12-6 最值和极值

汉语	English	Français
取得 qǔdé	reach	atteindre
最值 zuìzhí	global extremum	extremum global
最小值 zuìxiǎozhí	global minimum	minimum global
最大值 zuìdàzhí	global maximum	maximum global
全局 quánjú	global	global
概念 gàiniàn	concept	concept
无界 wújiè	unbounded	non borné
有界 yǒujiè	bounded	borné
极值 jízhí	local extremum	extremum local
极小值 jíxiǎozhí	local minimum	minimum local
极大值 jídàzhí	local maximum	maximum local
极值点 jízhídiǎn	local extremum point	point d'extremum local
区间 qūjiān	interval	intervalle
局部 júbù	local	local
单调 dāndiào	monotonic, monotone	monotone
单调性 dāndiàoxìng	monotonicity	monotonie

函数在区间上的最值

　　a 是函数 f 定义域 Df 中的一个值，如果对于所有 x 在 Df 中，都有 $f(x)$ < $f(a)$，那么 $f(a)$ 是函数 f 在定义域 Df 中的最大值，也可以说，当 $x=a$ 时，函数 f 取得最大值。

　　a 是函数 f 定义域 Df 中的一个值，如果对于所有 x 在 Df 中，都有 $f(x)$ > $f(a)$，那么 $f(a)$ 是函数 f 在定义域 Df 中的最小值，也可以说，当 $x=a$ 时，函数 f 取得最小值。

　　函数最值是在整个定义域中定义的，所以可以说最值是函数的全局概念。

　　一个函数有最大值和最小值就是有界函数，不然是无界函数。

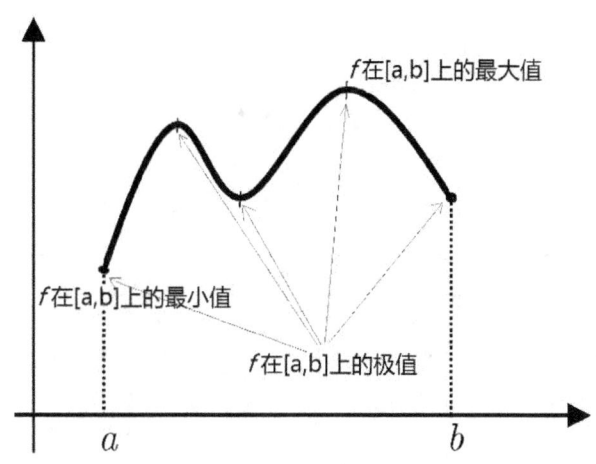

函数在区间上的极值

区间 X 含于某函数 f 的定义域 Df，a 是区间 X 的一个值，如果对于所有 x 在区间 X 上，都有 $f(x)<f(a)$，那么 $f(a)$ 是函数 f 的极大值，也可以说，当 $x=a$ 时，函数 f 取得区间 X 上的极大值。

区间 X 含于某函数 f 的定义域，a 是区间 X 的一个值，如果对于所有 x 在区间 X 上，都有 $f(x)>f(a)$，那么 $f(a)$ 是函数 f 的极小值，也可以说，当 $x=a$ 时，函数 f 取得区间 X 上的极小值。

a 是函数 f 在区间 X 上的一个极值点。

函数极值不是在整个定义域中定义的，而是在函数定义域的一部分上才定义的，所以可以说极值是函数的局部概念。

一个函数在某区间上有极值意味着这个函数的单调性发生变化，也就是说函数在这个区间上不单调。

12-7 Parity

12-7 Parité

12-7 奇偶性

汉语	English	Français
奇函数 jī hánshù	odd function	fonction impaire
偶函数 ǒu hánshù	even function	fonction paire
奇偶性 jīǒuxìng	parity	parité
对称 duìchèn	symmetry (transformation), symmetric	symétrie (transformation), symétrique
关于 guānyú	about	par rapport à
对称性 duìchènxìng	symmetry (property)	symétrie (propriété)
对称轴 duìchèn zhóu	axis of symmetry	axe de symétrie
对称中心 duìchèn zhōngxīn	center of symmetry	centre de symétrie
特征 tèzhēng	feature, characteristic	caractéristique

偶函数的定义与图像

偶函数的定义域关于 0 对称，并且对自变量 x 在定义域中的任何值都有 $f(-x) = f(x)$。偶函数的图像关于坐标系的 y 轴对称。例子：

在 $[-\infty,+\infty]$ 中，函数 $f_1(x)=x^2/9$ 是偶函数因为定义域 $[-3,3]$ 关于 0 对称，并且对 x 的任何值都有 $f_1(-x) = f_1(x)$。函数 f 的图像关于 y 轴对称。

在 $[-2,3]$ 中，函数 $f_2(x)=x^2/9$ 不是偶函数因为定义域 $[-1,3]$ 不关于 0 对称。函数 f_2 的图像没有对称轴。

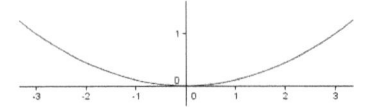
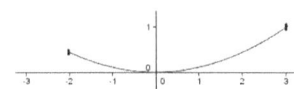

奇函数的定义与图像

奇函数的定义域关于 0 对称，并且对自变量 x 在定义域中的任何值都有 $f(-x) = -f(x)$。奇函数的图像关于坐标系的原点对称。例子：

在$[-\infty,+\infty]$中，函数$f_3(x)=x^3/27$是奇函数因为定义域$[-3,3]$关于 0 对称，并且对 x 的任何值都有$f_3(-x)=-f_3(x)$。函数f_3的图像关于坐标系的原点对称。

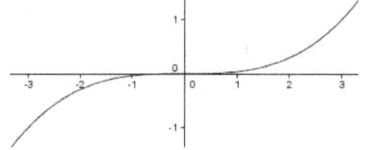

在$[-2,3]$中，函数$f_4(x)=x^3/27$不是奇函数因为定义域$[-1,3]$不关于 0 对称。函数f_4的图像没有对称中心。

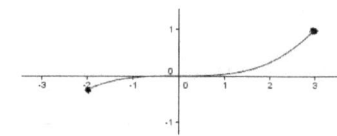

非奇偶函数

以上函数中，f_2和f_4为非奇偶函数因为定义域不关于 0 对称。不过，当定义域关于 0 对称时，函数也可以为非奇偶函数，也就是说又不是奇函数又不是偶函数。比如，在$[-3,3]$中，函数$f_5(x)=x^2+x^3$为非奇偶函数因为比如$f_5(1) = 2$但$f_5(-1) = 0$不等于$f_5(1)$也也不等于$-f_5(1)$。函数f_5的图像不关于坐标系原点对称也不关于坐标系 y 轴对称。

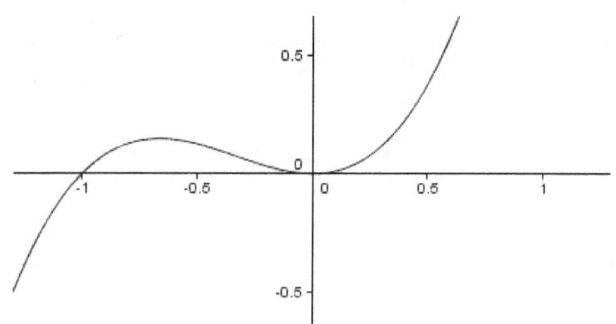

要注意的是，非奇偶函数不一定没有对称轴或对称中心。例子：

在$[-3,3]$中，函数$f_6(x)=x^2+2x$为非奇偶函数因为比如$f_6(-1) = -1$不等于$f_6(1) = 3$也不等于$-f_6(1) = -3$。函数f_6的图像又不关于坐标系原点对称也不关于 y 轴对称。不过函数f_6的图像有一条对称轴，是方程为 $x = 1$ 的直线。

在$[-3,3]$中，函数$f_7(x)=(x-1)^3$为非奇偶函数因为比如$f_7(1) = 0$不等于$f_7(-1) = -8$也不等于$-f_7(-1) = 8$。函数f_7的图像又不关于坐标系原点对称也不关于坐标系原点对称。不过函数f_7的图像有一个对称中心，是坐标$(1,0)$的点。

12-8 Periodicity

12-8 Périodicité

12-8 周期性

汉语	English	Français
周期函数 zhōuqī hánshù	periodic function	fonction périodique
周期 zhōuqī	period	période
周期性 zhōuqīxìng	periodic, periodicity	périodique, périodicité
使得 shǐde	to make, to cause	faire, rendre
无界 wújiè	unbounded	non borné
有界 yǒujiè	bounded	borné
距离 jùlí	distance	distance
平移 píngyí	translation	Translation
平移对称 píngyí duìchèn	translational symmetry, invariant under translation	invariance par translation, invariant par translation
重合 chónghé	to be coincident, coincide	être confondus

周期函数的定义

设 f 是定义域为 D_f 的函数,如果存在非零常数 T 使得当 x 在定义域 D_f 中时,$x+T$ 也在 D_f 中而且 $f(x+T)=f(x)$,那么 f 是 D_f 上的周期函数,常数 T 是函数 f 的一个周期。

周期函数的定义域一定是无界数集。

周期 T 不是唯一的,T 的所有整数倍 kT(k 为整数)都是周期。不过,如果一个周期实数函数不是常函数,那么存在最小正周期。

周期函数的图像

设 f 是周期为 T 的函数,f 在坐标系中的图像经过平行于 x 轴且距离为 T 的平移和本身相重合。可以说图像具有平移对称。

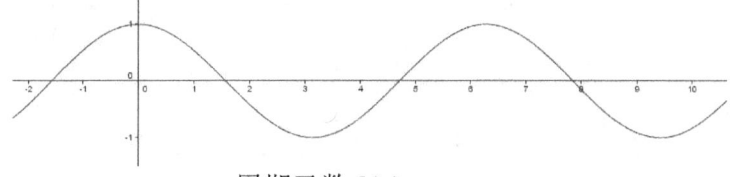

周期函数 $f(x) = \cos x$

题
1. 周期函数只有一个周期吗?它的定义域可以有界吗?

12-9 Continuity

12-9 Continuité

12-9 连续性

汉语	English	Français
连续性 liánxùxìng	continuity	continuité
连续函数 liánxù hánshù	continuous function	fonction continue
邻域 línyù	neighborhood	voisinage
处 chù	location	lieu
极限 jíxiàn	limit	limite
描述 miáoshù	describe	décrire
有定义 yǒu dìngyì	be defined	être défini
极值定理 jízhí dìnglǐ	extreme value theorem	théorème des bornes
取得 qǔdé	reach	atteindre
最大值 zuìdàzhí	global maximum	maximum global
最小值 zuìxiǎozhí	global minimum	minimum global
介值定理 jièzhí dìnglǐ	intermediate value theorem	théorème des valeurs intermédiaires

连续函数

如果函数$y = f(x)$当自变量x在某值x_0附近的变化很小时,因变量y的变化也很小,那么函数$f(x)$在 x_0处是连续函数。可以用极限描述,设函数$f(x)$在 x_0的邻域中有定义,如果$\lim\limits_{x \to x_0} f(x) = a$,那么函数$f(x)$在 x_0的邻域中连续。

极值定理

极值定理说,如果函数$f(x)$在闭区间$[a,b]$上是连续函数,那么$f(x)$一定取得最大值和最小值,至少一次。

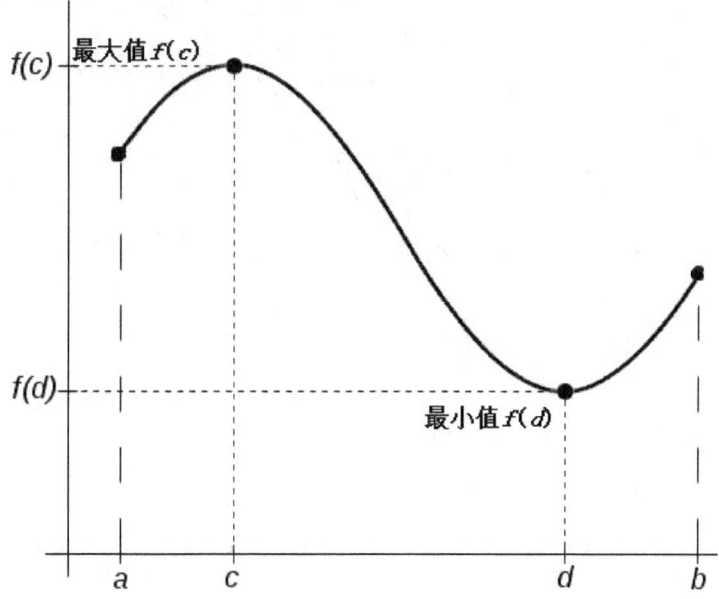

介值定理

极值定理说,如果一个连续函数$f(x)$在某区间上取得m和M两个值($m < M$),那么$f(x)$取得区间$[m, M]$上的所有值。

12-10 Derivatives

12-10 Dérivées

12-10 导数

汉语	English	Français
可导函数 kědǎo hánshù	differentiable function	fonction dérivable
可导性 kědǎoxìng	differentiability	dérivabilité
导数 dǎoshù	derivative	dérivée
变化率 biànhuà lǜ	slope	taux de variation
求导 qiúdǎo	differentiate	dériver
分支 fēnzhī	field, branch, sector	branche
微分 wēifēn	differential calculus	dérivation, calcul différentiel
增减性 zēngjiǎnxìng	monotonicity changes	variations
极值 jízhí	local extremum	extremum local
连续性 liánxùxìng	continuity	continuité
拐点 guǎi diǎn	inflexion point	point d'inflexion
二阶导数 èrjiē dǎoshù	second derivative	dérivée seconde
邻域 línyù	neighborhood	voisinage

可导函数

设函数$f(x)$在a处有定义，如果极限$\lim_{h\to 0}\frac{f(a+h)-f(a)}{h}$存在，那么是这个极限是$f(x)$在$a$处的导数，也是$f(x)$在$a$处的变化率。

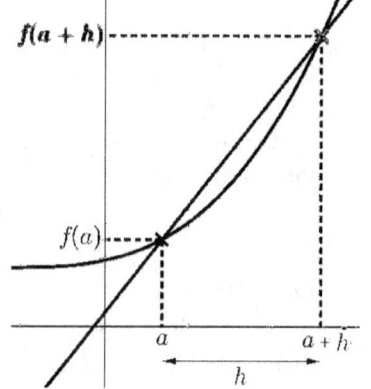

对在某区间中的每个值x，如果函数$f(x)$都存在着导数$f'(x)$，那么$f(x)$是可导函数，$f'(x)$是$f(x)$的导数。算出$f(x)$的导数叫求导。

导数概念属于的数学分支叫微分。

导数与增减性

可以利用导数的符号判断一个函数的增减性。一般地，在某个区间内，如果$f'(x)>0$，那么函数$f(x)$在这个区间内单调递增；如果$f'(x)<0$，那么函数$f(x)$在这个区间内单调递减；如果恒有$f'(x)=0$，那么函数$f(x)$是常数函数。

拐点

如果二阶导数$f''(x_0)=0$，而且在x_0的邻域内$f'(x)$的符号不变或者大于0或者小于0，那么点$(x_0,f(x_0))$是函数$f(x)$图像的一个拐点。

12-11 Antiderivatives and integrals

12-11 Primitives et intégrales

12-11 原函数和积分

汉语	English	Français
原函数 yuán hánshù	antiderivative	primitive
不定积分 bùdìng jīfēn	indefinite integral	primitive
积分 jīfēn	integral, integration, integrate,	intégrale, intégration, intégrer, calcul intégral
定积分 dìng jīfēn	integral	intégrale
围成 wéichéng	to surround	entourer
分支 fēnzhī	field, branch, sector	branche
微积分 wēijīfēn	differential and integral calculus	calcul différentiel et intégral

原函数

若 $F' = f$,则 F 是函数 f 的一个原函数。而且,因为,若 k 为常数,则 $(F + k)' = f$,所以函数 f 的的全体原函数为 $F + k$。

求全体原函数的运算叫求不定积分。

原函数 $F(x)$ 记作 $F(x) = \int_a^x f(t)dt + F(a)$。

比如,一次函数 $f(x) = 6x + 5$ 的原函数为 $F(x) = 3x^2 + 5x + k$,其中 k 是不定常数。

积分

一个函数 f 在区间 $[a,b]$ 上的积分是实数 $\int_a^b f(t)dt$,这个积分的运算也叫求定积分。

如果在区间 $[a,b]$ 上 $f(x) > 0$,那么定积分 $\int_a^b f(t)dt$ 是直线 $x = a$、直线 $x = b$、函数图像和 x 轴所围成图形的面积。

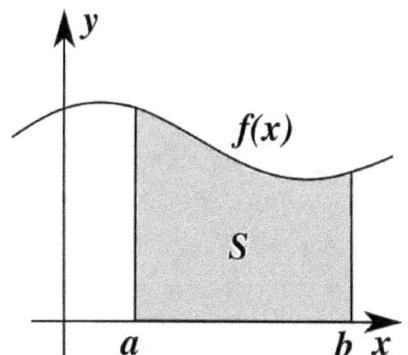

微积分

微分和积分概念属于的数学分支叫微积分。

12-12 Proportional functions

12-12 Fonctions linéaires

12-12 正比例函数

汉语	English	Français
正比例 zhèngbǐlì	proportionality	proportionnalité
正比例函数 zhèngbǐlì hánshù	proportion	fonction linéaire
解析式 jiěxīshì	analytic expression	expression analytique
性质 xìngzhì	characteristic, property	caractéristique, propriété
增大 zēngdà	grow	croître
增函数 zēnghánshù	increasing function	fonction croissante
减少 jiǎnshǎo	decrease	décroître
减函数 jiǎnhánshù	decreasing function	fonction décroissante
增减性 zēngjiǎnxìng	monotonicity changes	variations
上升 shàngshēng	go up	monter
下降 xiàjiàng	go down	descendre

正比例函数的定义

一般解析式为 $f(x) = ax$ 的函数是正比例函数，其中 a 是不等于 0 的常数。正比例函数是正比例关系的一种表达方式。

当 $a = 0$ 时，那么 $f(x) = 0$ 不是正比例函数，是常函数，f 的图像就是 x 轴。

正比例函数的性质

f 的图像是一条通过坐标系的原点的直线。

当 a 大于 0 时，f 是增函数，也就是说，当 x 的值增大时，$f(x)$ 的值也增大。在坐标系中，f 的图像是一条从左到右上升的直线。比如，$f(x) = \frac{2}{3}x$ 是增函数。

当 a 小于 0 时，f 是减函数，也就是说，当 x 的值增大时，$f(x)$ 的值反而减小。在坐标系中，f 的图像是一条从左到右下降的直线。比如，$f(x) = -\frac{2}{3}x$ 是减函数。

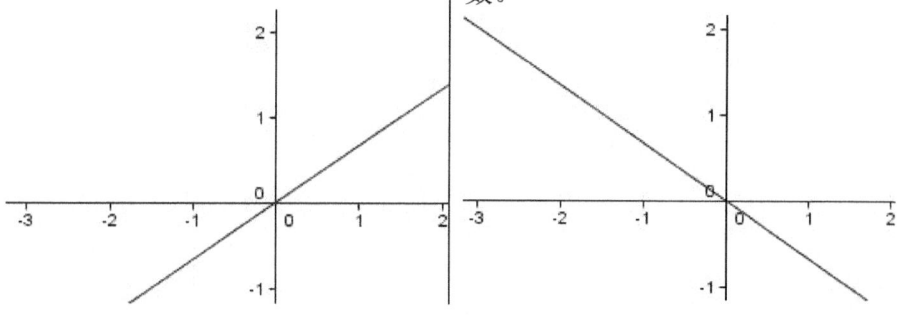

题
1. 介绍正比例函数的性质。

12-13 Linear functions

12-13 Fonctions affines

12-13 一次函数

汉语	English	Français
一次函数 yīcì hánshù	linear function	fonction du premier degré, fonction affine

一次函数的定义

一般解析式为 $f(x) = ax + b$ 的函数是一次函数,其中 a 和 b 都是常数,a 不等于 0。

当 $a = 0$ 时,那么 $f(x) = 0x + b = b$ 不是一次函数,是常函数,f 的图像是一条平行于 x 轴的直线。

一次函数的性质

f 的图像是一条直线。

当 a 大于 0 时,那么 f 是增函数。也就是说,当 x 的值增大时,$f(x)$ 的值也增大,f 的图像是一条从左到右上升的直线。比如,$f(x) = \frac{2}{3}x + 1$ 是增函数。

当 a 小于 0 时,那么 f 是减函数。也就是说,当 x 的值增大时,$f(x)$ 的值反而减小,f 的图像是一条从左到右下降的直线。比如,$f(x) = -\frac{2}{3}x + 1$ 是减函数。

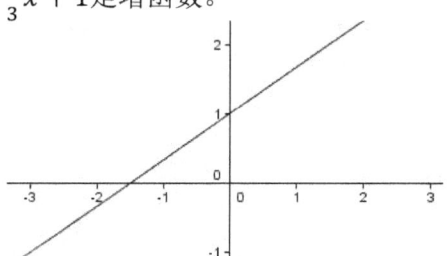
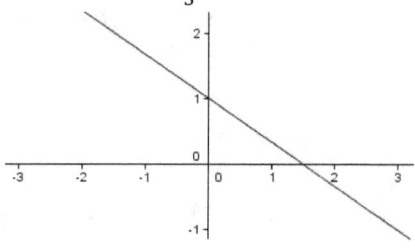

当 $b = 0$ 时,那么 $f(x) = ax$,而且 $a \neq 0$,是一个正比例函数,f 的图像是一条经过坐标系的原点的直线。

题
1. 介绍一次函数的性质。

12-14 Quadratic functions

12-14 Fonctions du second degré

12-14 二次函数

汉语	English	Français
二次函数 èrcì hánshù	quadratic function	fonction du second degré
抛物线 pāowùxiàn	parabola	parabole
顶点 dǐngdiǎn	vertex	sommet
对称轴 duìchèn zhóu	axis of symmetry	axe de symétrie
顶点形式 dǐngdiǎn xíngshì	vertex form	forme canonique
最值 zuìzhí	global extremum	extremum global

二次函数的定义

一般解析式为$f(x) = ax^2 + bx + c$的函数是二次函数，其中a、b和c都是常数，并且a≠0。

二次函数的图像

二次函数的图像是一条抛物线，有一个顶点$\left(\frac{-b}{2a}, \frac{4ac-b^2}{4a}\right)$和一条对称轴$x = \frac{-b}{2a}$。

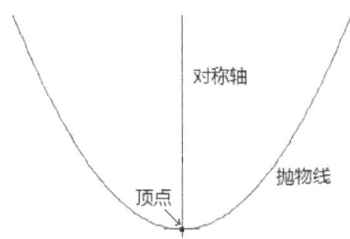

顶点形式
二次函数的一般解析式为$f(x) = ax^2 + bx + c$可以写成顶点形式：
$$f(x) = a\left(x + \frac{b}{2a}\right)^2 + \frac{4ac-b^2}{4a}。$$

二次函数的性质

如果$a>0$，那么f的图像是开口方向向上的抛物线。

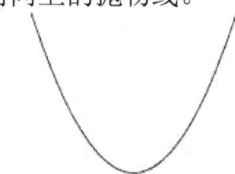

当$x = \frac{-b}{2a}$时，函数f取得它的最小值$\frac{4ac-b^2}{4a}$。当$x < \frac{-b}{2a}$时，函数f递减，它的图像从左到右下降。当$x > \frac{-b}{2a}$时，函数f递增，它的图像从左到右上升。

如果$a<0$，那么f的图像是开口方向向下的抛物线。

当$x = \frac{-b}{2a}$时，函数取得它的最大值$\frac{4ac-b^2}{4a}$。当$x < \frac{-b}{2a}$时，函数f递增，它的图像从左到右上升。当$x > \frac{-b}{2a}$时，函数f递减，它的图像从左到右下降。

题
1. 介绍二次函数和它的图像的性质。

12-15 Roots of quadratic equations

12-15 Racines des équations du second degré

12-15 一元二次方程的根

汉语	English	Français
一元二次方程 yīyuán èrcì fāngchéng	quadratic equation	équation du second degré
根 gēn	root	réelle
二次函数 èrcì hánshù	quadratic function	fonction du second degré
此时 cǐ shí	this time	à ce moment-là
抛物线 pāowùxiàn	parabola	parabole
交点 jiāodiǎn	point of intersection	point d'intersection
判别式 pànbiéshì	discriminant	discriminant
实根 shígēn	real root	racine réelle
位置关系 wèizhi guānxi	relative positions	positions relatives

一元二次方程的根和二次函数的关系

$\Delta = b^2 - 4ac$ 是一元二次方程 $ax^2 + bx+c = 0$ 的判别式。

如果 $\Delta>0$，一元二次方程 $ax^2 + bx+c = 0$ 有 $x_1 = \frac{-b-\sqrt{\Delta}}{2a}$ 和 $x_2 = \frac{-b+\sqrt{\Delta}}{2a}$ 两个不同实根，此时二次函数 $f(x) = ax^2 + bx+c = 0$ 的图像与 x 轴有两个交点。

如果 $\Delta=0$，一元二次方程 $ax^2 + bx+c = 0$ 有两个相等实根 $x_1 = x_2 = \frac{-b}{2a}$，此时二次函数 $f(x) = ax^2 + bx+c = 0$ 的图像与 x 轴只有一个交点。

如果 $\Delta<0$，一元二次方程 $ax^2 + bx+c = 0$ 没有实数根，此时二次函数 $f(x) = ax^2 + bx+c = 0$ 图像与 x 轴没有交点。

二次函数图像与 x 轴的位置关系

	$a > 0$	$a < 0$
$\Delta > 0$		
$\Delta = 0$		
$\Delta < 0$		

12-16 Other common functions

12-16 Autres fonctions courantes

12-16 其他常见函数

汉语	English	Français
反比例 fǎnbǐlì	inversely proportional	inversement proportionnel
反比例函数 fǎnbǐlì hánshù	multiplicative inverse	fonction inverse
倒数 dàoshù	inverse	inverse
双曲线 shuāngqūxiàn	hyperbola	hyperbole
幂函数 mì hánshù	power function	fonction puissance
指数函数 zhǐshù hánshù	exponential function	fonction exponentielle
指数 zhǐshù	exponent	exposant
底数 dǐshù	base (number)	base (nombre)
欧拉数 Ōulā shù	Euler's number	nombre d'Euler
对数函数 duìshù hánshù	logarithmic function	fonction logarithmique
反函数 fǎnhánshù	inverse function	fonction réciproque
三角函数 sānjiǎo hánshù	trigonometric function	fonction trigonométrique
正弦 zhèngxián	sine	sinus
余弦 yúxián	cosine	cosinus
正切 zhèngqiē	tangent	tangente
周期函数 zhōuqī hánshù	periodic function	fonction périodique
周期 zhōuqī	period	période

反比例函数

反比例函数的解析式为$f(x) = \frac{1}{x}$,是自变量x的倒数。反比例函数的图像是双曲线。

幂函数

幂函数的解析式为$f(x) = x^a$,是自变量x的幂,指数a是常数。

指数函数

指数函数的解析式为$f(x) = a^x$,底数a是常数,自变量x为指数。
对应底数为欧拉数$e \approx 2.71828$的指数函数记作e^x或$exp(x)$。

对数函数

对于底数b的对数函数的表达式为$log_b x$。对数函数可以看为指数函数的反函数。
对应底数为欧拉数$e \approx 2.71828$的对数函数记作$ln\, x$。

三角函数

三角函数主要有正弦、余弦和正切三个函数。都是周期函数。
正弦的表达式为$cos\, x$,周期为2π。
余弦的表达式为$sin\, x$,周期为2π。
正切的表达式为$tan\, x$,周期为π。

13. Sequences

13. Suites

13. 数列

13-1 Expressions

13-1 Expressions

13-1 表达法

汉语	English	Français
数列 shùliè	sequence of numbers	suite numérique
次序 cìxù	order	ordre
顺序 shùnxù	sequence	succession
排列 páiliè	arrange	ranger
列 liè	series	suite
项 xiàng	term	terme
首项 shǒuxiàng	first term	premier terme
自然数 zìránshù	natural number	nombre naturel
现象 xiànxiàng	phenomenon	phénomène
随着 suízhe	following	suivant
建立 jiànlì	establish	établir
模型 móxíng	model	modèle
过程 guòchéng	process	processus
建模 jiàn mó	to model, modeling	modéliser, modélisation
递推公式 dìtuī gōngshì	recursive relation	relation de récurrence
通项公式 tōngxiàng gōngshì	general term	terme général
项序数 xiàng xùshù	index of term	rang d'un terme
解析式 jiěxīshì	analytic expression	expression analytique
作为 zuòwéi	mean, imply	signifier

数列

一个数列是按一定顺序排列的一列数。数列可以写成(a_n)或a_1，a_2，a_3，$\cdots$，a_n，$\cdots$。一个数列中的每一个数都是这个数列的项。排在第一位的项叫首项。一个数列可以作为自然数变量的函数。

可以用数列建立对应一个现象的模型。比如人口随着年份的变化是一种自然现象，可以把年份作为自然数变量，把每年人口作为一个数列的象，把两列数的关系作为一个数列。建立模型的过程叫做建模。

递推公式

一个数列的递推公式是数列的一个项与它的前一个项或几个项的关系。比如，$a_{n+1} = 2a_n$（且已知首项a_1）是一个递推公式。

通项公式

一个数列的通项公式是数列的一个项a_n与项序数n的关系。比如，$a_n = (-1)^n + 1$是数列(a_n)的通项公式。通项公式可以作为自然数变量的函数$f(n) = a_n$的解析式。

题

1. 讲一讲数列的定义并介绍数列的两种表示法。

13-2 Characteristics

13-2 Caractéristiques

13-2 性质

汉语	English	Français
无论 wúlùn	whatever	quelque soit
如何 rúhé	how	comment
永远 yǒngyuǎn	always	toujours
递增数列 dìzēng shùliè	increasing sequence	suite croissante
递减数列 dìjiǎn shùliè	decreasing sequence	suite décroissante
常数列 chángshùliè	constant sequence	suite constante
周期数列 zhōuqī shùliè	periodic sequence	suite périodique
周期 zhōuqī	period	période
交错数列 jiāocuò shùliè	alternating sequence	suite alternée
摆动数列 bǎidòng shùliè	oscillating sequence	suite oscillante
敛散性 liǎnsànxìng	convergence	convergence
收敛数列 shōuliǎn shùliè	convergent sequence	suite convergente
收敛于 shōuliǎn yú	to converge to	converger vers
极限 jíxiàn	limit	limite
发散数列 fāsàn shùliè	divergent sequence	suite divergente

常数列

如果一个数列的所有的项都相等，那么是一个常数列。比如，$a_n = 2$（且$n > 0$），无论n如何取值，a_n永远等于2，所以(a_n)是常数列。

周期数列

例子：$(a_n) = 1,2,3,1,2,3,1,2,3,\cdots,1,2,3,\cdots$。知道$a_{n+3} = a_n$，所以$(a_n)$是一个周期数列，而且它的周期是3。

递增数列

如果，从第二个项开始，一个数列的每一个项都大于它的前一项，那么这个数列叫做递增数列。比如，$a_{n+1} = 2a_n$（且$n > 0$，$a_1 = 1$）是递增数列。

递减数列

如果，从第二个项开始，一个数列的每一个项都小于它的前一项，那么这个数列叫做递减数列。比如，$a_{n+1} = a_n/2$（且$n > 0$，$a_1 = 1$）是递减数列。

交错数列

如果，从第二个项开始，一个数列的每一个项的正负性与它的前一项正负性相反，那么这个数列叫做交错数列。比如，$b_{n+1} = 2b_n$（且$n > 0$，$b_1 = -1$），$(b_n) = -1,+2,-4,+8,-16,\cdots$是交错数列。

摆动数列

从第二个项开始，如果一个数列的一些项大于它的前一项，而且一些项小于它的前一项，那么这个数列叫摆动数列。比如，$a_n = (-1)^n + 1$（且$n > 0$），$(a_n) = 0,2,0,2,0,2,\cdots$是摆动数列，$b_{n+1} = 2b_n$（且$n > 0$，$b_1 = -1$），$(b_n) = -1,+2,-4,+8,-16,\cdots$也是摆动数列，$c_{n+1} = c_n/2$（且$n > 0$，$c_1 = -1$），$(c_n) = -1,+0.5,-0.25,+0.125,\cdots$又是摆动数列。

数列的敛散性

如果数列(a_n)收敛于常数a，那么这个数列是一个收敛数列，而且常数a是这个数列的极限。如果一个数列不收敛，那么它叫做发散数列。比如，$a_n = (-1)^n + 1$（且$n > 0$），$(a_n) = 0,2,0,2,0,2,\cdots$是发散数列，$b_{n+1} = 2b_n$（且$n > 0$，$b_1 = -1$），$(b_n) = -1,+2,-4,+8,-16,\cdots$也是发散数列，$c_{n+1} = c_n/2$（且$n > 0$，$c_1 = -1$），$(c_n) = -1,+0.5,-0.25,+0.125,\cdots$是收敛数列并且它的极限是0。

题

1. 一个数列一定递增或递减吗？

2. 介绍数列的敛散性。

13-3 Arithmetic progressions

13-3 Suites arithmétiques

13-3 等差数列

汉语	English	Français
等差数列 děngchā shùliè	arithmetic progression	suite arithmétique
公差 gōngchā	common difference	raison d'une suite arithmétique

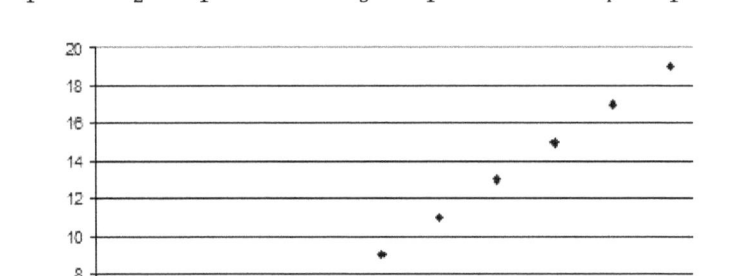

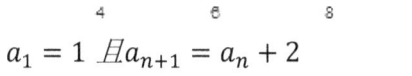

$a_1 = 1$ 且 $a_{n+1} = a_n + 2$

等差数列

如果一个数列从第二个项开始，每一个项与它的前一项的差都等于同一个常数，那么这个数列叫做等差数列。这个常数叫等差数列的公差，公差常常用字母 d 表示。

已知首项a_1和公差d的等差数列(a_n)：
   递推公式为$a_{n+1} = a_n + d$（且$n > 0$，已知首项a_1）。
   通项公式为$a_n = a_1 + (n-1)d$（且$n > 0$）。
   前 n 项和为$S_n = \frac{n(a_1+a_n)}{2}$。

例子1：已知首项a_1=1 和公差d=1 的等差数列(a_n)：
   递推公式为$a_{n+1} = a_n + 1$（且$n > 0$，已知首项a_1），
   通项公式为$a_n = n$（且$n > 0$），
   (a_n)是递增数列，也是发散数列，
   前 n 项和为$S_n = \frac{n(1+n)}{2}$。

题

1. 2010年一个大城市U的人口是 5 000 000，小城市 V 的人口是 200 000。每年有 16 000 个人从小城市 V 到大城市 U，另外有 1000 个人从大城市 U 到小城市 V。那么 2011 年每个城市的人口分别是多少？2012 年呢？（2010+n）年呢？（2010+n）年的人口数是一个什么数列？这样继续下去，到 2020 年每个城市的人口分别是多少？两个城市的总人口会有什么变化？

13-4 Geometric progressions

13-4 Suites géométriques

13-4 等比数列

汉语	English	Français
等比数列 děngbǐshùliè	geometric progression	suite géométrique
公比 gōngbǐ	common ratio	raison d'une suite géométrique

等比数列

如果一个数列从第二个项开始，每一个项与它的前一项的比都等于同一个常数，那么这个数列叫等比数列。这个常数叫做等比数列的公比，公比常常用字母 q 表示。

$$a_1 \xrightarrow{\times q} a_2 = q \times a_1 \xrightarrow{\times q} a_3 = q^2 \times a_1 \xrightarrow{\times q} a_4 = q^3 \times a_1$$

已知首项 a_1 和公比 q 的等比数列 (a_n)：
  递推公式为 $a_{n+1} = qa_n$（且 $n > 0$）。
  通项公式为 $a_n = q^{n-1}a_1$（且 $n > 0$）。
  若 $q \neq 1$，则前 n 项和为 $S_n = a_1 \frac{1-q^n}{1-q}$，
  若 $q = 1$，则 (a_n) 是常数列并且前 n 项和为 $S_n = na_1$。

例子1:
　　已知首项$a_1 = 1$和公比$q = 2$的等比数列(a_n)：
　　　　递推公式为$a_{n+1} = 2a_n$（且$n > 0$），
　　　　通项公式为$a_n = 2^{n-1}$（且$n > 0$），
　　　　(a_n)是递增数列，也是发散数列，
　　　　前n项和为$S_n = 2^n - 1$。

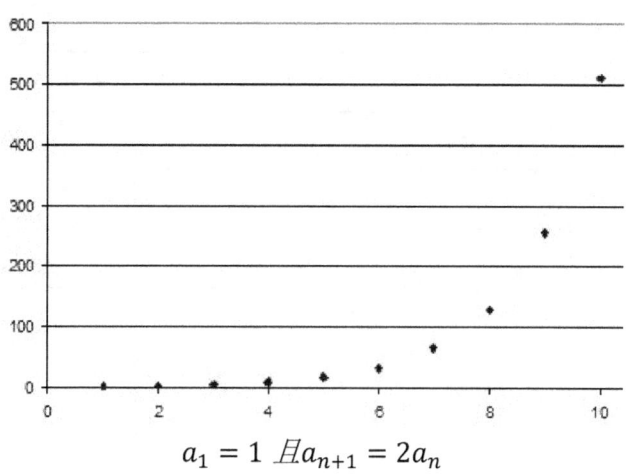

$a_1 = 1$ 且 $a_{n+1} = 2a_n$

例子2:

已知首项$a_1 = 1$和公比$q = 1/2$的等比数列(a_n)：

递推公式为$a_{n+1} = a_n/2$（且$n > 0$），

通项公式为$a_n = \left(\frac{1}{2}\right)^{n-1}$（且$n > 0$），

(a_n)是递减数列，也是极限为0的收敛数列，

前n项和为$S_n = 2 - (1/2)^{n-1}$。

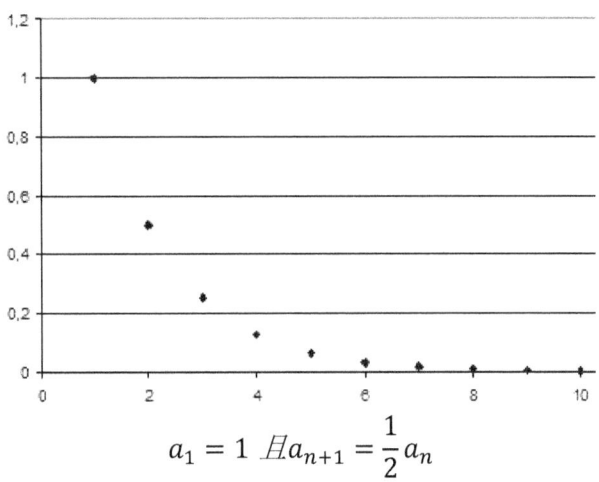

$$a_1 = 1 \text{ 且 } a_{n+1} = \frac{1}{2}a_n$$

题

1. 有人2010年在银行里存了1500元，每年利息是4%。写出2011年存着多少，2012年存着多少，（2010+n）年存着多少。（2010+n）年的存钱数是一个什么数列？如果这样继续下去，2020年他银行里有多少钱？

14. Statistics and probabilities

14. Statistiques et probabilités

14. 统计和概率

14-1 Sets of statistical data

14-1 Série statistique

14-1 数据组

汉语	English	Français
统计 tǒngjì	statistics	statistiques
数据 shùjù	data	donnée
数据组 shùjù zǔ	set of data	série statistique
频数 pínshù	absolute frequency	effectif
频率 pínlǜ	relative frequency	fréquence
出现 chūxiàn	turn up, appear	apparaître
次数 cìshù	number of times	nombre d'occurrences
总数 zǒngshù	total number	effectif total
累积频率 lěijī pínlǜ	cumulative frequency	fréquence cumulée
比 bǐ	ratio, scale factor	rapport
阶段 jiēduàn	class	classe
表示 biǎoshì	stand for, express	représenter, exprimer
表格 biǎogé	table	tableau
行 háng	row	ligne
列 liè	column	colonne
单元格 dānyuán gé	cell	cellule
显示 xiǎnshì	display	afficher
双重 shuāngchóng	double-entry	à double entrée
分布 fēnbù	distribution	répartition, distribution
频数分布直方图 pínshù fēnbù zhífāngtú	histogram	histogramme
扇形图 shànxíngtú	pie chart	diagramme circulaire

数据的频数与频率

一个数据组是由一些数据组成的。某个数据的频数是这个数据出现的次数。一个数据的频率是这个数据的频数与总数的比。累积频率是频率在某个区域中频率的和。一个数据组也叫做一列统计数据。

一个数据组可能是分阶段的，阶段一般是左闭右开区间。

统计表格

可以用一个表格表示一组数据。比如，A、B、C 三个班级根据年龄的人数分布可以用双重表格表示，表格的每个单元格里显示每个班级每个年龄的人数。

班级 年龄	A班	B班	C班
10 岁	0	1	2	3
11 岁	10	8	15	33
12 岁	9	12	9	30
13 岁	5	3	1	9
	24	24	27	

也可以用两行表格表示一部分数据：

班级	A班	B班	C班
人数	24	24	27

还可以用两列表格表示一些数据：

年龄	人数
10 岁	3
11 岁	33
12 岁	30
13 岁	9

统计图

可以用一个图表示一组数据。比如，以上双重表格中的三个班级 A、B、C 根据年龄的人数分布可以用以下图表示：

频数分布直方图　　　　　　　　　　扇形图

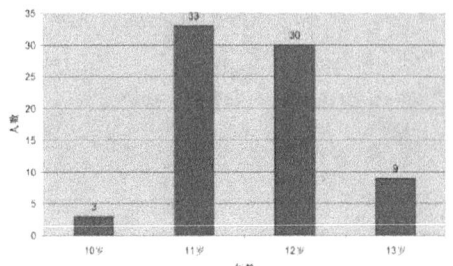 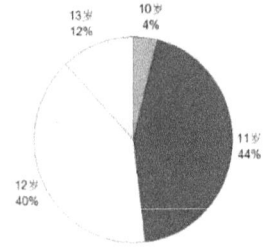

14-2 Central tendency of a set of statistical data

14-2 Tendance centrale d'une série statistique

14-2 数据组的中心趋势

汉语	English	Français
中心趋势 zhōngxīn qūshì	central tendency	tendance centrale
众数 zhòngshù	mode	mode
中位数 zhōngwèishù	median	médiane
排列 páiliè	arrange	ranger
位置 wèizhi	position	position
奇数	odd number	nombre impair
偶数 ǒushù	even number	nombre pair
分割 fēngē	separate, part	séparer
称为 chēngwéi	be known as	s'appeler
四位数 sìwèishù	quartile	quartile
平均数 píngjūnshù	mean	moyenne
加权平均数 jiāquán píngjūnshù	weighted mean	moyenne pondérée
系数 xìshù	coefficient	coefficient

中心趋势指数
　　一个数据组的中心趋势指数有众数、中位数，四分位数和平均数。

众数
　　一组数据的众数是这组数据中出现次数最多的数据，可能不只一个。

中位数
　　一组数据的中位数是这组数据从小到大排列后，在中间位置的一个数。数据组的值有 50% 比中位数小，50% 比中位数大。

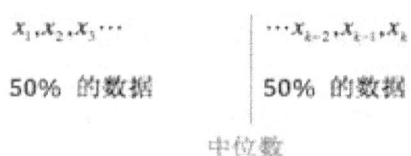

一列统计数据从小到大排列后。如果数据组的总数 n 是奇数，那么中位数是$x_{\frac{n+1}{2}}$。如果数据组的总数 n 是偶数，那么中位数是$\frac{x_{\frac{n}{2}-1}+x_{\frac{n}{2}+1}}{2}$。

四位数

如果把一组数据的所有数据从小到大排列并分成频数相等的四个部分，那么在三个分割值 Q_1、Q_2 与 Q_3 称为四分位数。四分位数不一定是这组数据中的值。第一个四分位数 Q_1 称为较小四分位数，数据组中25%的数据小于或等于 Q_1。第二个四分位数 Q_2 是中位数，数据组中50%的数据小于或等于 Q_2。第三个四分位数 Q_3 称为较大四分位数，数据组中75%的数据小于或等于 Q_3。

| 25%的数据 | 25%的数据 | 25%的数据 | 25%的数据 |
Min　　　Q_1　　　Q_2　　　Q_3　　　Max

平均数

一组数据的平均数是这个数据组所有数据的和再除以数据的总数。平均数$\bar{x}$（读 x bá）等于$\frac{f_1x_1+f_2x_2+...+f_nx_n}{总数}$，其中所有系数 f_i 分别是数据 x_i 的频数。如果计算平均数时，所有数据 x_i 都分别乘以系数 f_i，那么这些系数 f_i 叫做数据 x_i 的权，数据组的加权平均数为$\bar{x}=\frac{f_1x_1+f_2x_2+...+f_nx_n}{N}$，其中 N 是所有系数 f_i 的和。

14-3 Dispersion of a set of statistical data

14-3 Dispersion d'une série statistique

14-3 数据组的离散程度

汉语	English	Français
离散 lísàn	dispersion	dispersion
程度 chéngdù	degree, level	degré, niveau
极差 jíchā	range	étendue
四分位距 sìfēnwèijù	interquartile range	intervalle interquartile
方差 fāngchā	variance	variance
标准差 biāozhǔnchā	standard deviation	écart-type

离散指数

一组数据的离散指数有极差、四分位距、方差和标准差。这些离散指数能反映一个数据组的离散程度。

极差

一列总计数据的极差是最大值和最小值的差。

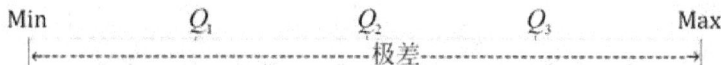

四分位距

一组数据的四分位距是第三个四分位数 Q_3 与第一个四分位数 Q_1 的差。

方差

一组数据的方差是这个数据组所有数据与平均数的差的平方的平均数，记作 $V = \frac{f_1(x_1-\bar{x})^2+f_2(x_2-\bar{x})^2+\ldots+f_n(x_n-\bar{x})^2}{总数}$，其中所有系数 f_i 分别是数据 x_i 的频数。标准差能反映一个数据组的离散程度。

标准差

一组数据的标准差是这个数据的方差的平方根，记作 $\sigma = \sqrt{V}$ 或 $\sigma = \sqrt{\frac{f_1(x_1-\bar{x})^2+f_2(x_2-\bar{x})^2+\ldots+f_n(x_n-\bar{x})^2}{总数}}$，其中所有系数 f_i 分别是数据 x_i 的频数。

14-4 Combinations and binomial coefficients

14-4 Combinaisons et coefficients binomiaux

14-4 组合和二项式系数

汉语	English	Français
组合 zǔhé	combination	combinaison
二项式系数 èrxiàngshì xìshù	binomial coefficient	coefficient binomial
排列 páiliè	arrange	ranger
列 liè	series	suite
元素 yuánsù	element	élément
顺序 shùnxù	sequence	succession
次序 cìxù	order	ordre
置换 zhìhuàn	permutate, permutation	permuter, permutation
阶乘 jiēchéng	factorial	factorielle
集合 jíhé	set	ensemble
子集 zǐjí	subset	sous-ensemble
杨辉三角形 Yáng Huī sānjiǎoxíng	Yang Hui's triangle	triangle de Yang Hui
帕斯卡三角形 Pàsīkǎ sānjiǎoxíng	Pascal's triangle	triangle de Pascal

排列
　　排列是一列元素的顺序。比如，(a,b,c)是按字母次序排列的。

置换
　　置换是改变一列元素的顺序。比如，(a,b,c)可以置换为$(b,c;a)$。n个元素有$n!$个置换方式。$n!$是n的阶乘，$n! = 1 \times 2 \times ... \times n$。

组合
　　从n个元素中取出k个元素的一个组合是从n个元素的集合内k个元素的一个子集。从n个元素中取出k个元素有$C_n^k = \frac{n!}{(n-k)!k!}$个，$k \leq n$。

杨辉三角
　　杨辉三角是二项式系数的一种几何排列，它依靠$C_{n+1}^{k+1} = C_n^k + C_n^{k-1}$：

$$
\begin{array}{ccccccccc}
& & & & 1 & & & & \\
& & & C_1^0=1 & & C_1^1=1 & & & \\
& & C_2^0=1 & & C_2^1=2 & & C_2^2 & & \\
& C_3^0=1 & & C_3^1=3 & & C_3^2=3 & & C_3^3=1 & \\
C_4^0=1 & & C_4^1=4 & & C_4^2=6 & & C_4^3=4 & & C_4^4=1 \\
\end{array}
$$

在西方，杨辉三角形叫做帕斯卡三角形。

14-5 Random events and probability

14-5 Événements aléatoires et probabilité

14-5 随机事件和概率

汉语	English	Français
随机 suíjī	random	aléatoire
事件 shìjiàn	event	événement
概率 gàilǜ	probability	probabilité
几率 jīlǜ	probability, odds	probabilité, chance
试验 shìyàn	experiment	expérience
基本事件 jīběn shìjiàn	elementary event, outcome	événement élémentaire, éventualité
总体 zǒngtǐ	population	population
确定事件 quèdìng shìjiàn	sure event	événement certain
互斥事件 hùchì shìjiàn	mutually exclusive event	événement incompatible
独立事件 dúlì shìjiàn	independent event	événement indépendant
不可能事件 bùkěnéng shìjiàn	impossible event	événement impossible
并 bìng	union	réunion
交 jiāo	intersection	intersection
不相容 bùxiāngróng	incompatible, mutually exclusive	incompatible
对立 duìlì	complementary	complémentaire
伯努利 Bónǔlì	Bernoulli	Bernoulli
成功 chénggōng	success	succès
失败 shībài	failure	échec
投掷 tóuzhì	to toss	lancer
枚 méi	[classifier for 硬币]	[classificateur de 硬币]
硬币 yìngbì	coin	pièce de monnaie
骰子 tóuzi	dice	dé
抽取 chōuqǔ	extract	retirer

随机实验和随机事件

随机事件是一个随机实验中有可能出现的结果。每一种可能性叫做基本事件。所有可能性的集合叫做事件的总体，记作Ω。

事件的概率

总体事件Ω也叫确定事件，它的概率为 1。不可能事件记作$\varnothing$，它的概率为 0。

设两个事件A和B，$A \cup B$和$A \cap B$分别是两个事件的并和交，可以写$P(A \cup B) = P(A) + P(B) - P(A \cap B)$。

如果两个事件A和B互斥，那么$A \cap B = \varnothing$。

如果两个事件A和B不相容，那么$P(A \cap B) = 0$，所以$P(A \cup B) = P(A) + P(B)$。这意味着两个事件不能同时出现。

如果两个事件A和B独立，那么$P(A \cap B) = P(A)P(B)$。

如果两个事件A和B对立，那么$P(A) = 1 - P(B)$。这意味着两个事件的并是确定事件Ω。事件A的对立事件记作$\bar{A}$。

伯努利试验

试验的结果只有"成功"A和"失败"B两个基本事件，A和B是对立事件，它们的概率分别为$P(A) = p$和$P(B) = 1 - p$。

例子 1：投掷一枚硬币，出现硬币的正面或反面的概率都为1/2。

例子 2：投掷一个六面骰子，每一个面出现的概率都为1/6。

例子 3：一个盒子里具备 3 个红球和 7 个黑球，抽取每一球的概率都相等，所以抽取一个红球的概率为 0.3，而抽取一个黑球的概率为 0.7。

14-6 Expected value of a random variable

14-6 Espérance d'une variable aléatoire

14-6 随机变量的期望值

汉语	English	Français
随机变量 suíjī biànliàng	random variable	variable aléatoire
期望值 qīwàng zhí	expected value	espérance mathématique

随机变量

某个随机试验中的随机变量X是定义在事件的总体Ω上的实数函数。

例子1：投掷一枚硬币时，可能出现正面或反面两种结果。可以定义，当出现正面时，随机变量X取值1，而当出现反面时，随机变量X取值0。

例子2：投掷一个六面骰子时，可以定义随机变量X为骰子上面出现的值，也就是说X取值于$\{1,2,3,4,5,6\}$。

例子3：同时投掷两个六面骰子时，可以定义随机变量X为两个骰子上面数的和，也就是说X取值于$\{2,3,4,5,6,7,8,9,10,11,12\}$。

期望值

一个随机变量的期望值是随机试验重复无限次数的结果的平均数。

例子1：投掷一枚硬币时，定义了正面出现时，随机变量X取值1，而反面出现时，随机变量X取值0。如果每个面出现的概率相等，那么随机变量X的期望值为：

$$E(X) = \frac{1}{2} \times 1 + \frac{1}{2} \times 0 = 0.5。$$

例子2：投掷一个六面骰子时，定义了随机变量X为骰子上面出现的值。如果每个面出现的概率相等，那么随机变量X的期望值为：

$$E(X) = \frac{1}{6} \times 1 + \frac{1}{6} \times 2 + \frac{1}{6} \times 3 + \frac{1}{6} \times 4 + \frac{1}{6} \times 5 + \frac{1}{6} \times 6 = 3.5。$$

14-7 Probability distributions

14-7 Lois de probabilité

14-7 概率分布

汉语	English	Français
概率分布 gàilǜ fēnbù	probability distribution	loi de probabilité
伯努利分布 Bónǔlì fēnbù	Bernoulli distribution	loi de Bernoulli
成功 chénggōng	success	succès
失败 shībài	failure	échec
二项分布 èrxiàng fēnbù	binomial distribution	loi binomiale
正态分布 zhèngtài fēnbù	normal distribution	distribution normale
连续型 liánxùxíng	continuous	continu
概率密度函数 gàilǜ mìdù hánshù	probability density function	fonction de densité de probabilité
密度 mìdù	density	densité
积分 jīfēn	integral, integration, integrate,	intégrale, intégration, intégrer, calcul intégral
描述 miáoshù	describe	décrire
高斯 Gāosī	Gauss	Gauss
标准差 biāozhǔnchā	standard deviation	écart-type
方差 fāngchā	variance	variance
幅度 fúdù	width	étendue

伯努利分布

伯努利分布是一种概率分布，它对伯努利试验建立模型。伯努利试验只有"成功"和"失败"两种结果。如果试验结果为"成功"，那么随机变量X取值为 1。如果试验结果为"失败"，那么随机变量X取值为 0。

如果把"成功"的概率记作p，那么"失败"的概率就是$1-p$因为"成功"和"失败"是两个对立事件。期望值为$E(X) = p \times 1 + (1-p) \times 0 = p$。

二项分布

二项分布是一种概率分布，它对n个独立伯努利试验建模。如果把"成功"的概率记作p，那么"成功"出现k次的概率为$C_n^k p^k (1-p)^{n-k}$。

正态分布

对于连续型随机变量X，概率$P(X < x) = F(x)$用密度函数$f(x)$的积分来描述。$F(x)$是分布函数。

正态分布，也叫高斯分布，是一种概率分布。它的密度函数为$f(x) = \frac{1}{\sigma\sqrt{2\pi}} e^{-\frac{1}{2}\left(\frac{x-\mu}{\sigma}\right)^2}$，其中$\mu$是随机变量的期望值，$\sigma$是随机变量的标准差（也就是说$\sigma^2$是方差）。期望值$\mu$决定分布的中心位置，而标准差$\sigma$决定分布的幅度。

14-8 Sampling fluctuation

14-8 Fluctuation d'échantillonage

14-8 抽样波动

汉语	English	Français
抽样 chōuyàng	to sample, sampling	tirage, échantillonnage
波动 bōdòng	fluctuate, fluctuation	fluctuer, fluctuation
任意 rènyì	any, chosen at will	quelque soit, quelconque, fixé
样本 yàngběn	sample (noun)	échantillon
概率 gàilǜ	probability	probabilité
频率 pínlǜ	relative frequency	fréquence
估计 gūjì	estimate	estimer
模拟 mónǐ	simulate	simuler
放回式 fànghuí shì	with replication	avec remise
不放回式 bù fànghuí shì	without replacement	sans remise
决策 juécè	make a decision-making, decision-making	prendre une décision, prise de décision
假设 jiǎshè	hypothesis, conjecture	hypothèse, conjecture
否定 fǒudìng	deny, reject	nier, rejeter
几率 jīlǜ	probability, odds	probabilité, chance
置信区间 zhìxìn qūjiān	confidence interval	intervalle de confiance

抽样

抽样是从总体 N 个单位中任意抽取 n 个单位作为样本。

抽样的波动

一个事件的概率可以用来估计这个事件在具体试验中出现的频率。样本不同，频率 f 与概率 p 的差别也不同。比如，一个盒子里具备 3 个红球和 7 个黑球，抽取一个红球的概率为 0.3，而抽取一个黑球的概率为 0.7。我们可以借用计算机分别进行 100 次、1000 次、10000 次模拟放回式的抽取试验。抽取一个红球的频率围绕概率 0.3 波动。样本不同，得到的频率也不同。如果样本的总数为 n，那么事件出现的频率 f 属于区间 $\left[p - \frac{1}{\sqrt{n}}, p + \frac{1}{\sqrt{n}}\right]$ 的概率是 95%。抽样的波动是频率 f 与概率 p 的关系。

波动区间可以帮助决策：有一个假设 H（比如某公司男性数量等于女性数量），如果试验得到的频率 f 属于波动区间，那么我们没有理由否定这个假设；如果频率 f 不属于波动区间，那么我们否定这个假设，但是可能有 5% 的几率出错。

相反地，事件的概率在与置信区间 $\left[f - \frac{1}{\sqrt{n}}, f + \frac{1}{\sqrt{n}}\right]$ 的概率也是 95%，也就是说可以用置信区间估计概率 p。

15. Traditional Chinese measurement of time

15. Mesure traditionnelle du temps en Chine

15. 中国传统计时法

15-1 The *shíchén*, two-hour periods

15-1 Les *shíchén*, des périodes de deux heures

15-1 时辰

汉语	English	Français
时辰 shíchén	two-hour period	période de deux heures
传统 chuántǒng	traditional	traditionnel
小时 xiǎoshí	hour	heure
白天 báitiān	daytime	de jour
夜里 yèlǐ	night	de nuit
子午线 zǐwǔxiàn	meridian	méridien
北极 běijí	North Pole	pôle Nord
南极 nánjí	South Pole	pôle Sud
半圆 bànyuán	half circle	demi-cercle

题

1. 中国古时把一天分为十二个时辰，并分别用十二地支来表示，"午时"对应的时间段为（　）。
  A. 7 点至 9 点   B. 9 点至 11 点
  C. 11 点至 13 点   D. 23 点至 1 点

2. 十二时辰中的"子时"指的是（…）。
  A. 23 点至凌晨 1 点   B. 1 点至凌晨 3 点
  C. 凌晨 3 点至凌晨 5 点   D. 凌晨 5 点至 7 点

3. "日出"所对应的时辰和时间是（…）
  A 卯时 5 点-7 点   B 亥时 21 点-23 点
  C 子时 23 点-1 点   D 丑时 1 点-3 点

时辰

古代中国人把一天的24小时分成12时辰,那么一个"shíchén 时辰"等于现在人们用的两"小时"。

比如,"午时"是上午11点到下午1点,"子时"是夜里23点到第二天1点。现代汉语白天12点叫"中午",夜里0点叫"零点"也叫"半夜"或"午夜"。

地球上"子午线"是从北极到南极的半圆。

时辰	现在的计时
zǐshí 子时	23:00 - 01:00
chǒushí 丑时	01:00 - 03:00
yínshí 寅时	03:00 - 05:00
mǎoshí 卯时	05:00 - 07:00
chénshí 辰时	07:00 - 09:00
sìshí 巳时	09:00 - 11:00
wǔshí 午时	11:00 - 13:00
wèishí 未时	13:00 - 15:00
shēnshí 申时	15:00 - 17:00
yǒushí 酉时	17:00 - 19:00
xūshí 戌时	19:00 - 21:00
hàishí 亥时	21:00 - 23:00

15-2 Celestial stems and earthly branches

15-2 Tiges célestes et branches terrestres

15-2 天干和地支

汉语	English	Français
天干 tiāngān	celestial stem	tige céleste
表达 biǎodá	express	exprimer
次序 cìxù	order	ordre
地支 dìzhī	earthly branch	branche terrestre
循环 xúnhuán	circulate, cycle	circuler, cycle
十二进制 shíèr jìnzhì	duodecimal system	système duodécimal
组合 zǔhé	combination	combinaison
词语 cíyǔ	word, term	mot, terme
表格 biǎogé	table	tableau

10 个天干

10 个"天干"是 10 个汉字，可以用于表达次序，这些汉字没有别的意思。

1	*jiǎ*	甲
2	*yǐ*	乙
3	*bǐng*	丙
4	*dīng*	丁
5	*wù*	戊
6	*jǐ*	己
7	*gēng*	庚
8	*xīn*	辛
9	*rén*	壬
10	*guǐ*	癸

12 个地支

12"地支"是 12 个汉字，作为一种十二进制，可以循环用于纪时辰、日和月份。这是中国的传统日子和月份记法。

1	*zǐ*	子
2	*chǒu*	丑
3	*yín*	寅
4	*mǎo*	卯
5	*chén*	辰
6	*sì*	巳
7	*wǔ*	午
8	*wèi*	未
9	*shēn*	申
10	*yǒu*	酉
11	*xū*	戌
12	*hài*	亥

15-3 The *jiǎzǐ*, a 60-term cycle

15-3 Le *jiǎzǐ*, un cycle de 60 termes

15-3 甲子

汉语	English	Français
甲子 jiǎzǐ	sixty-term cycle	cycle de soixante termes
天干 tiāngān	celestial stem	tige céleste
地支 dìzhī	earthly branch	branche terrestre
组成 zǔchéng	form	composer
组合 zǔhé	combination	combinaison
循环 xúnhuán	circulate, cycle	circuler, cycle

甲子

　　如下以 10 个天干划分的右边轮子和以 12 个地支划分的左边轮子都自转。第一个地支"*jiǎ* 甲"和第一个天干"*zǐ* 子"对应时组成"甲子"一个词语，接着一共组成从"*jiǎzǐ* 甲子"到"*guǐhài* 癸亥"的 60 个不同单词。

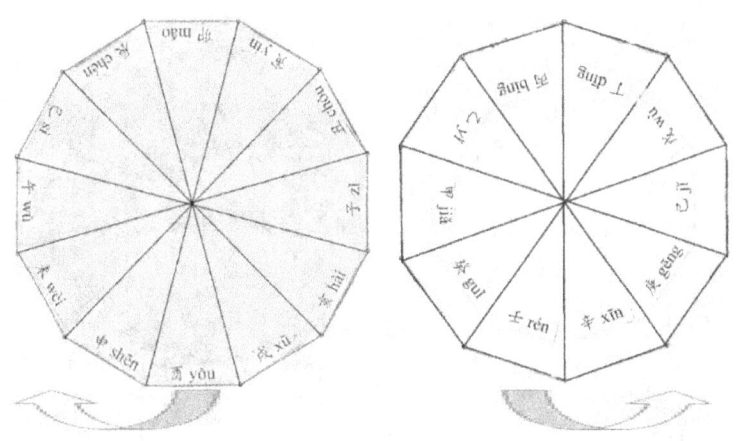

　　"甲子"是 60 个干支组合的第一位，一个"甲子"是从"甲子"到"癸亥"60 个单词的循环。

题

1. 介绍怎么以 10 个天干和 12 个地支形成一个甲子。

15-4 Numbering years with the *jiǎzǐ*

15-4 Numérotation des années avec le *jiǎzǐ*

15-4 干支纪法

汉语	English	Français
记法 jìfǎ	notation	notation
十二进制 shíèr jìnzhì	duodecimal system	système duodécimal
对应 duìyìng	to correspond	correspondre
排列 páiliè	arrange	ranger

干支纪年

    如下排列了 10 个天干和 12 个地支组成从"*jiǎzǐ* 甲子"到"*guǐhài* 癸亥"60 个单词。干支纪年法是用这 60 个单词来纪年，是中国的一个传统纪年法。

    因为一个甲子是从"甲子"年到"癸亥"年一共 60 年，那么这干支纪年法是一种六十进制。

甲子	乙丑	丙寅	丁卯	戊辰	己巳	庚午	辛未	壬申	癸酉
1804	1805	1806	1807	1808	1809	1810	1811	1812	1813
1864	1865	1866	1867	1868	1869	1870	1871	1872	1873
1924	1925	1926	1927	1928	1929	1930	1931	1932	1933
1984	1985	1986	1987	1988	1989	1990	1991	1992	1993
甲戌	乙亥	丙子	丁丑	戊寅	己卯	庚辰	辛巳	壬午	癸未
1814	1815	1816	1817	1818	1819	1820	1821	1822	1823
1874	1875	1876	1877	1878	1879	1880	1881	1882	1883
1934	1935	1936	1937	1938	1939	1940	1941	1942	1943
1994	1995	1996	1997	1998	1999	2000	2001	2002	2003
甲申	乙酉	丙戌	丁亥	戊子	己丑	庚寅	辛卯	壬辰	癸巳
1824	1825	1826	1827	1828	1829	1830	1831	1832	1833
1884	1885	1886	1887	1888	1889	1890	1891	1892	1893
1944	1945	1946	1947	1948	1949	1950	1951	1952	1953
2004	2005	2006	2007	2008	2009	2010	2011	2012	2013
甲午	乙未	丙申	丁酉	戊戌	己亥	庚子	辛丑	壬寅	癸卯
1834	1835	1836	1837	1838	1839	1840	1841	1842	1843
1894	1895	1896	1897	1898	1899	1900	1901	1902	1903
1954	1955	1956	1957	1958	1959	1960	1961	1962	1963
2014	2015	2016	2017	2018	2019	2020	2021	2022	2023
甲辰	乙巳	丙午	丁未	戊申	己酉	庚戌	辛亥	壬子	癸丑
1844	1845	1846	1847	1848	1849	1850	1851	1852	1853
1904	1905	1906	1907	1908	1909	1910	1911	1912	1913
1964	1965	1966	1967	1968	1969	1970	1971	1972	1973
2024	2025	2026	2027	2028	2029	2030	2031	2032	2033
甲寅	乙卯	丙辰	丁巳	戊午	己未	庚申	辛酉	壬戌	癸亥
1854	1855	1856	1857	1858	1859	1860	1861	1862	1863
1914	1915	1916	1917	1918	1919	1920	1921	1922	1923
1974	1975	1976	1977	1978	1979	1980	1981	1982	1983
2034	2035	2036	2037	2038	2039	2040	2041	2042	2043

1	甲子 *jiǎ zǐ*	1		1	甲午 *jiǎ wǔ*	7
2	乙丑 *yǐ chǒu*	2		2	乙未 *yǐ wèi*	8
3	丙寅 *bǐng yín*	3		3	丙申 *bǐng shēn*	9
4	丁卯 *dīng mǎo*	4		4	丁酉 *dīng yǒu*	10
5	戊辰 *wù chén*	5		5	戊戌 *wù xū*	11
6	己巳 *jǐ sì*	6		6	己亥 *jǐ hài*	**12**
7	庚午 *gēng wǔ*	7		7	庚子 *gēng zǐ*	1
8	辛未 *xīn wèi*	8		8	辛丑 *xīn chǒu*	2
9	壬申 *rén shēn*	9		9	壬寅 *rén yín*	3
10	癸酉 *guǐ yǒu*	10		**10**	癸卯 *guǐ mǎo*	4
1	甲戌 *jiǎ xū*	11		1	甲辰 *jiǎ chén*	5
2	乙亥 *yǐ hài*	**12**		2	乙巳 *yǐ sì*	6
3	丙子 *bǐng zǐ*	1		3	丙午 *bǐng wǔ*	7
4	丁丑 *dīng chǒu*	2		4	丁未 *dīng wèi*	8
5	戊寅 *wù yín*	3		5	戊申 *wù shēn*	9
6	己卯 *jǐ mǎo*	4		6	己酉 *jǐ yǒu*	10
7	庚辰 *gēng chén*	5		7	庚戌 *gēng xū*	11
8	辛巳 *xīn sì*	6		8	辛亥 *xīn hài*	**12**
9	壬午 *rén wǔ*	7		9	壬子 *rén zǐ*	1
10	癸未 *guǐ wèi*	8		**10**	癸丑 *guǐ chǒu*	2
1	甲申 *jiǎ shēn*	9		1	甲寅 *jiǎ yín*	3
2	乙酉 *yǐ yǒu*	10		2	乙卯 *yǐ mǎo*	4
3	丙戌 *bǐng xū*	11		3	丙辰 *bǐng chén*	5
4	丁亥 *dīng hài*	**12**		4	丁巳 *dīng sì*	6
5	戊子 *wù zǐ*	1		5	戊午 *wù wǔ*	7
6	己丑 *jǐ chǒu*	2		6	己未 *jǐ wèi*	8
7	庚寅 *gēng yín*	3		7	庚申 *gēng shēn*	9
8	辛卯 *xīn mǎo*	4		8	辛酉 *xīn yǒu*	10
9	壬辰 *rén chén*	5		9	壬戌 *rén xū*	11
10	癸巳 *guǐ sì*	6		**10**	癸亥 *guǐ hài*	**12**

15-5 The Five Elements and astrological signs

15-5 Les cinq éléments et les signes astrologiques

15-5 五行和生肖

汉语	English	Français
民间 mínjiān	popular, folk	populaire
代替 dàitì	to replace	remplacer
连续 liánxù	consecutive	consécutif
对应 duìyìng	to correspond	correspondre
五行 wǔ xíng	*wǔ xíng*, the Five Elements	*wǔ xíng*, les cinq éléments
生肖 shēngxiào	Chinese astrological sign	signe astrologique chinois
属相 shǔxiàng	Chinese astrological sign	signe astrologique chinois
鼠 shǔ	rat, mouse	rat, souris
牛 niú	bull	buffle
虎 hǔ	tiger	tigre
兔 tù	rabbit	lapin
龙 lóng	dragon	dragon
蛇 shé	snake	serpent
马 mǎ	horse	cheval
羊 yáng	goat	chèvre
猴 hóu	monkey	singe
鸡 jī	rooster	coq
狗 gǒu	dog	chien
猪 zhū	pig	cochon

五行代替 10 个天干

五行是 *mù*（木）、*huǒ*（火）、*tǔ*（土）、*jīn*（金）、*shuǐ*（水）。民间经常用"五行"来代替 10 个天干，五行之一代表连续两个天干。

	天干	五行
1	jiǎ 甲	木
2	yǐ 乙	
3	bǐng 丙	火
4	dīng 丁	
5	wù 戊	土
6	jǐ 己	
7	gēng 庚	金
8	xīn 辛	
9	rén 壬	水
10	guǐ 癸	

12 个生肖代替 12 个地支

中国的 12 生肖（也说 12 个属相）是 shǔ（鼠）、niú（牛）、hǔ（虎）、tù（兔）、lóng（龙）、shé（蛇）、mǎ（马）、yáng（羊）、hóu（猴）、jī（鸡）、gǒu（狗）和 zhū（猪）。民间经常用 12 个生肖代替 12 个地支。

	地支	对应的生肖
1	zǐ 子	shǔ 鼠
2	chǒu 丑	niú 牛
3	yín 寅	hǔ 虎
4	mǎo 卯	tù 兔
5	chén 辰	lóng 龙
6	sì 巳	shé 蛇
7	wǔ 午	mǎ 马
8	wèi 未	yáng 羊
9	shēn 申	hóu 猴
10	yǒu 酉	jī 鸡
11	xū 戌	gǒu 狗
12	hài 亥	zhū 猪

15-6 Grass-root numbering of years

15-6 Numérotation populaire des années

15-6 民间纪年法

汉语	English	Français
民间 mínjiān	popular, folk	populaire
代替 dàitì	to replace	remplacer
对应 duìyìng	to correspond	correspondre
连续 liánxù	consecutive	consécutif
天干 tiāngān	celestial stem	tige céleste
地支 dìzhī	earthly branch	branche terrestre
五行 wǔ xíng	wǔ xíng, the Five Elements	wǔ xíng, les cinq éléments
生肖 shēngxiào	Chinese astrological sign	signe astrologique chinois
属于 shǔyú	belong to	appartenir à

中国民间纪年

　　如果用五行代替 10 个天干（同一个行对应连续两个天干），而且用 12 个生肖代替 12 个地支，那么得到 60 个单词，可以循环用于纪年。干支纪年法的的第一年甲子年是木鼠年，辛亥年是金猪年，60 年循环的最后一年癸亥年是水猪年。这民间纪年法只用常用汉字。

题
1. 公元 2014 是"木马"年，那么今年是中国民间纪年法的哪一个年份？
2. 你出生于中国民间纪年法的哪一个年份？你属于中国民间的哪一个属相？跟你属于同一个属相的人比你大或比你小多少年？跟你属于同一个属相而且同一个行的人比你大或比你小多少年？

1	木鼠	1		1	木马	7
2	木牛	2		2	木羊	8
3	火虎	3		3	火猴	9
4	火兔	4		4	火鸡	10
5	土龙	5		5	土狗	11
6	土蛇	6		6	土猪	12
7	金马	7		7	金鼠	1
8	金羊	8		8	金牛	2
9	水猴	9		9	水虎	3
10	水鸡	10		10	水兔	4
1	木狗	11		1	木龙	5
2	木猪	12		2	木蛇	6
3	火鼠	1		3	火马	7
4	火牛	2		4	火羊	8
5	土虎	3		5	土猴	9
6	土兔	4		6	土鸡	10
7	金龙	5		7	金狗	11
8	金蛇	6		8	金猪	12
9	水马	7		9	水鼠	1
10	水羊	8		10	水牛	2
1	木猴	9		1	木虎 j	3
2	木鸡	10		2	木兔	4
3	火狗	11		3	火龙	5
4	火猪	12		4	火蛇	6
5	土鼠	1		5	土马	7
6	土牛	2		6	土羊	8
7	金虎	3		7	金猴	9
8	金兔	4		8	金鸡	10
9	水龙	5		9	水狗	11
10	水蛇	6		10	水猪	12

16. Astronomy and calendars

16. Astronomie et calendriers

16. 天文和历法

16-1 The Solar System

16-1 Le système solaire

16-1 太阳系

汉语	English	Français
天文 tiānwén	astronomy	astronomie
太阳 tàiyáng	the Sun	le Soleil
体系 tǐxì	system	système
太阳系 tàiyángxì	Solar System	système solaire
研究 yánjiū	study	étudier
天体 tiāntǐ	celestial body	corps céleste
恒星 héngxīng	star	étoile
行星 xíngxīng	planet	planète
小行星 xiǎoxíngxīng	asteroid	astéroïde
彗星 huìxīng	comet	comète
围绕 wéirào	around	autour de
由…构成 yóu…gòuchéng	composed of	formé de …
地球 dìqiú	Earth	la Terre
月球 yuèqiú	the Moon	la Lune
月亮 yuèliang	the Moon	la Lune
水星 shuǐxīng	Mercury	Mercure
金星 jīnxīng	Venus	Vénus
火星 huǒxīng	Mars	Mars
木星 mùxīng	Jupiter	Jupiter
土星 tǔxīng	Saturn	Saturne
天王星 tiānwángxīng	Uranus	Uranus
海王星 hǎiwángxīng	Neptune	Neptune
冥王星 míngwángxīng	Pluto	Pluton
转动 zhuàndòng	to rotate, to turn	tourner
公转 gōngzhuàn	orbital revolution	révolution orbitale

| 沿 yán | follow | suivre, décrire |
| 轨道 guǐdào | orbit | orbite |

太阳系

太阳是离地球距离最近的恒星。太阳系是由太阳和围绕它运动的天体（行星、小行星、彗星）构成的体系。

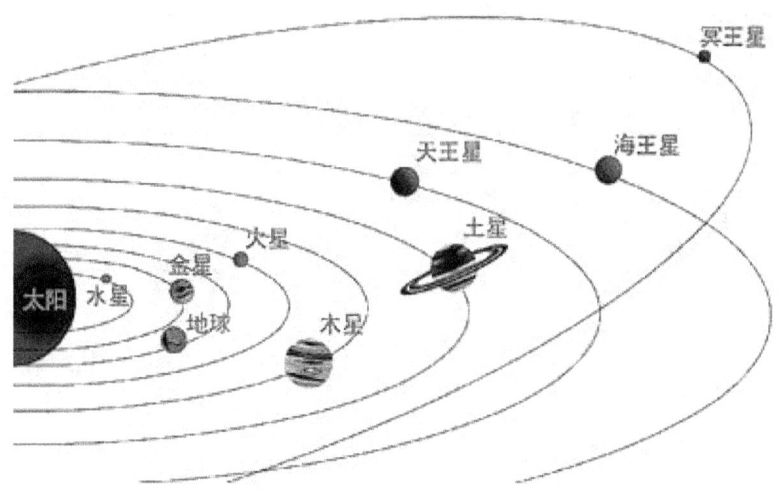

太阳系里的行星围绕太阳转动，这个现象叫做"公转"，行星公转时沿着的线叫做"轨道"。

研究天体（恒星、行星、小行星、彗星，等等）的科学叫做天文学。

16-2 The Seven Luminaries and the days of the week

16-2 Les sept astres et les jours de la semaine

16-2 七曜

汉语	English	Français
七曜 qī yào	the Seven Luminaries	les sept astres
肉眼 ròuyǎn	naked eye	à l'œil nu
日曜日 rì yào rì	Sunday	dimanche
月曜日 yuè yào rì	Monday	lundi
火曜日 huǒ yào rì	Tuesday	mardi
水曜日 shuǐ yào rì	Wednesday	mercredi
木曜日 mù yào rì	Thursday	jeudi
金曜日 jīn yào rì	Friday	vendredi
土曜日 tǔ yào rì	Saturday	samedi

七曜

　　七曜是古代对太阳、月亮、火星、水星、木星、金星和土星的一种总称，七曜是太阳系中肉眼能看到的星星。古代用七曜分别来称一周的七天：

太阳	月亮	火星	水星	木星	金星	土星
日曜日	月曜日	火曜日	水曜日	木曜日	金曜日	土曜日
星期日	星期一	星期二	星期三	星期四	星期五	星期六

16-3 Revolution and rotation of the Earth

16-3 Révolution et rotation de la Terre

16-3 地球公转和自转

汉语	English	Français
自西往东 zì xī wǎng dōng	from West to East	d'Ouest en Est
周期 zhōuqī	period	période
平均 píngjūn	average	moyenne
任何 rènhé	any	quelconque
圆 yuán	circle	cercle
圈 quān	circle	cercle
倾向 qīngxiàng	orientation	orientation
界限 jièxiàn	limit	limite
地球 dìqiú	Earth	la Terre
扁 biǎn	flat	aplati
扁率 biǎnlǜ	flattening	aplatissement
划分 huàfēn	cut, divide	partager, découper
行星 xíngxīng	planet	planète
轨道 guǐdào	orbit	orbite
黄道面 huángdào miàn	ecliptic plane	plan de l'écliptique
自转 zìzhuàn	rotation	rotation
自转轴 zìzhuàn zhóu	axis of rotation	axe de rotation
面对 miànduì	to face	faire face à
背着 bèizhe	turn away, turn one's back	de dos
白天 báitiān	daytime	de jour
黑夜 hēiyè	night	nuit
子午线 zǐwǔxiàn	meridian	méridien
纬线 wěixiàn	line of latitude (parallel)	parallèle (latitude)

北回归线 běi huíguīxiàn	Tropic of Cancer	tropique du cancer
南回归线 nán huíguīxiàn	Tropic of Capricorn	tropique du capricorne

地球在太阳系中

地球是太阳系从内到外的第三颗行星，是现在人类生活的行星。地球的形状接近球体，平均半径是 6370 km 左右。

地球公转

地球绕太阳公转一周叫做一年（或一太阳年），一太阳年平均是 365 天又 5 小时 48 分 45.5 秒。

地球自转

地球自西往东近 24 小时的周期自转。

题

1. 假设地球是一个球体，计算地球的表面积和体积。
2. 可以说地球扁率为 1/297，是怎么计算的？

16-4 Ecliptic and equator

16-4 Écliptique et équateur

16-4 黄道和赤道

	汉语	English	Français
01	黄道 huángdào	ecliptic	écliptique
02	黄道面 huángdào miàn	ecliptic plane	plan de l'écliptique
03	赤道 chìdào	equator	équateur
04	自转 zìzhuàn	rotation	rotation
05	自转轴 zìzhuàn zhóu	axis of rotation	axe de rotation
06	轨道 guǐdào	orbit	orbite
07	划分 huàfēn	cut, divide	partager, découper
08	面对 miànduì	to face	faire face à
09	背着 bèizhe	turn away, turn one's back	de dos
10	白天 báitiān	daytime	de jour
11	黑夜 hēiyè	night	nuit
12	子午线 zǐwǔxiàn	meridian	méridien
13	纬线 wěixiàn	line of latitude (parallel)	parallèle (latitude)
14	北回归线 běi huíguīxiàn	Tropic of Cancer	tropique du cancer
15	南回归线 nán huíguīxiàn	Tropic of Capricorn	tropique du capricorne
16	北极 běijí	North Pole	pôle Nord
17	北半球 běibànqiú	Northern Hemisphere	hémisphère Nord
18	南极 nánjí	South Pole	pôle Sud
19	南半球 nánbànqiú	Southern Hemisphere	hémisphère Sud
20	分割 fēngē	cut	couper

黄道面

地球以一年的周期绕太阳公转，地球公转轨道平面叫做"黄道面"，在变动中，任何一个时间，这个平面总是通过太阳中心。并且地球也自西向东转动，以近 24 小时的周期自转（自行转动），地轴（地球的自转轴）通过地球的北极和南极。地球自转时候面对太阳的半球是白天，背着太阳的半球是黑夜。

赤道

地球上划分地球北半球和南半球的圆形叫做"赤道"。赤道的平均半径是 6378.2 km 左右，赤道周长是 40076 km。

北极到南极的平均距离是 6356.8 km 左右，比赤道平均半径小，可以说地球在北极和南极比赤道较扁。"子午线"北极到南极的半圆，子午线长度是 20004 km。

黄道面和地球赤道面交角为 23°26′，也就是说地轴和黄道面的交角为 66°34′。

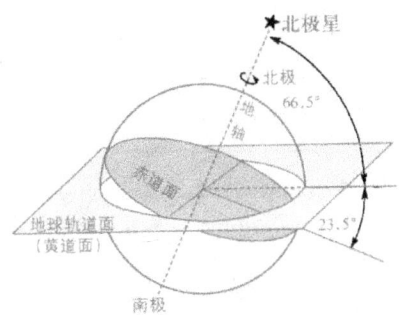

回归线

地球在围绕太阳公转时，地球自转轴和公转轨道平面的交角为 66°34′。也就是说，地球总是斜着身子在绕着太阳转动。地球有时是北半球倾向太阳，有时又是南半球倾向太阳。这样，太阳光垂直于地球的地方会有南北的移动。

北纬 23°26′的"纬线"叫做"北回归线"，是太阳光在北半球上垂直于地球表面的最北边界限。南纬 23°26′的"纬线"叫做"南回归线"，是太阳光在南半球上垂直于地球表面的最南界限。

16-5 The Gregorian calendar

16-5 Le calendrier grégorien

16-5 公历

汉语	English	Français
日历 rìlì	calendar	calendrier
公历 gōnglì	Gregorian calendar	calendrier grégorien
阳历 yánglì	solar calendar	calendrier solaire
历法 lìfǎ	calendar system	système de calendrier
围绕 wéirào	around	autour de
周期 zhōuqī	period	période
太阳 tàiyáng	the Sun	le Soleil
闰年 rùnnián	leap year	année bissextile
误差 wùchā	error, difference	erreur, différence
普通 pǔtōng	ordinary	ordinaire
月亮 yuèliang	the Moon	la Lune
中华民国 Zhōnghuá Mínguó	Republic of China	République de Chine
中华人民共和国 Zhōnghuá Rénmín Gònghéguó	People's Republic of China	République Populaire de Chine
台湾 Táiwān	Taiwan	Taiwan
中国大陆 Zhōngguó Dàlù	Mainland China	Chine Continentale
秦始皇帝 Qín Shǐ Huángdì	Qín Shǐ Huángdì	Qín Shǐ Huángdì
统一 tǒngyī	unify	unifier
公元 gōngyuán	Common Era, CE	ère commune, après J.-C.
公元前 gōngyuánqián	Before the Common Era, BCE	avant l'ère commune, avant J.-C.

公历

公历是一种阳历，阳历的"阳"字和太阳有关系，阳历是依靠地球围绕太阳的周期的一种历法。

公历的闰年

地球绕太阳一周要 365.2422 天（即等于 365 天 5 小时 48 分 45.5 秒），按一年 365 天计算，每年少 0.2422 天，所以，400 年中需置 97 个闰年。闰年在 2 月末加上一天，全年就有 366 天。这样每 3333 年才有一天的误差。

四年一闰，百年不闰，四百年再闰。普通年能被 4 整除而不能被 100 整除的为闰年，比如 2004 年就是闰年，1900 年不是闰年。

每年分成 12 个月，这些"月份"和月亮绕地球的周期没有关系。

公历在中国

中国 1911 年开始用"民国日历"，是公历，可是第一年是公历的 1912 年，因为中华民国是"公元 1912 年 1 月 1 日"成立的。那么"民国 1 年"等于公历的 1912 年，"公元 2011 年"相当于"民国 100 年"，台湾人还用这个日历。可是 1949 年成立中华人民共和国以后，中国大陆用公历了，年份前边可以加上"公元"，比如中华民国是公元 1912 年成立的，或加上"公元前"，比如秦始皇帝是公元前 221 年统一中国的。

16-6 Equinoxes and solstices

16-6 Équinoxes et solstices

16-6 昼夜平分点、至点

汉语	English	Français
赤道 chìdào	equator	équateur
地球 dìqiú	Earth	la Terre
围绕 wéirào	turn around	tourner autour de
太阳 tàiyáng	the Sun	le Soleil
轨道 guǐdào	orbit	orbite
昼夜 zhòuyè	day and night	jour et nuit
昼夜评分点 zhòuyè píngfēn diǎn	equinox	équinoxe
日出 rìchū	sunrise	lever du soleil
日落 rìluò	sunset	coucher du soleil
春分 chūnfēn	Spring Equinox	équinoxe de printemps
秋分 qiūfēn	Autumn Equinox	équinoxe d'automne
至点 zhìdiǎn	solstice	solstice
夏至 xiàzhì	Summer Solstice	solstice d'été
冬至 dōngzhì	Winter Solstice	solstice d'hiver

昼夜平分点

因为赤道不在地球绕太阳轨道平面中，也就是说地球自转轴不垂直于地球绕太阳轨道的平面，那么在地球上一个地方一天中白天和黑夜的时间可以不相等。不过，地球围绕太阳一年中遇到两个"昼夜平分点"，分别是"春分"和"秋分"，那时候从日出到日落过的时间相等。"zhòu 昼"是"白天"的意思，"yè 夜"是"黑夜"的意思。

"春分"是一年中白天在增加时，黑夜和白天相等的日子。北半球的"春分"是公历3月20日或21日，南半球的"春分"是公历9月22日或23日。

"秋分"是一年中黑夜在增加时，黑夜和白天相等的日子。北半球的"秋分"是公历9月22日或23日，南半球的"春分"是公历3月20日或21日。

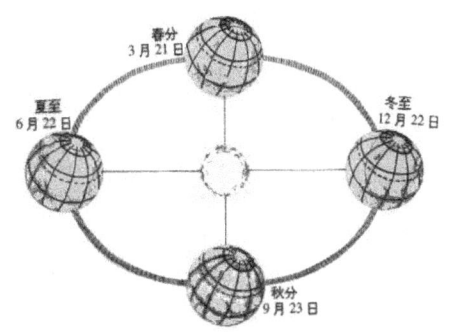

至点

地球绕太阳一年中遇到两个"至点"，是"夏至"和"冬至"。

"夏至"是一年中白天最长，黑夜最短的日子。北半球的"夏至"是公历是6月20日或21日，南半球的"夏至"是公历12月21日或22日。

"冬至"是一年中白天最短，黑夜最长的日子。北半球的"冬至"是公历12月21日或22日，南半球的"冬至"是公历是6月20日或21日。

题

1. 看图说一说为什么地球上一个地方黑夜的时间可以比白天的时间长。

2. 看图回答问题：北半球夏至中午太阳光垂直于地球什么地方？北半球冬至中午太阳光垂直于地球什么地方？春分和秋分时候太阳光垂直于地球什么地方？

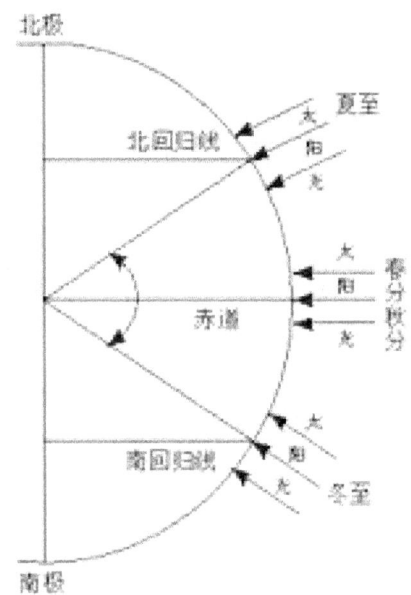

16-7 The twenty-four solar terms

16-7 Les vingt-quatre périodes solaires

16-7 二十四个节气

汉语	English	Français
节气 jiéqi	solar term	période solaire
季节 jìjié	season	saison
立春 lìchūn	Start of Spring	début du printemps
雨水 yǔshuǐ	Rain	pluie
惊蛰 jīngzhé	Insects wake	réveil des insectes
春分 chūnfēn	Spring Center	milieu du printemps
清明 qīngmíng	Pure Brightness	pure clarté
谷雨 gǔyǔ	Grain rain	pluie pour le grain
立夏 lìxià	Start of Summer	début de l'été
小满 xiǎomǎn	Lesser Fullness of Grain	croissance du grain
芒种 mángzhòng	Grain in ear	grain en épi
夏至 xiàzhì	Summer Maximum	maximum de l'été
小暑 xiǎoshǔ	Lesser Heat	petites chaleurs
大暑 dàshǔ	Great Heat	grandes chaleurs
立秋 lìqiū	Start of Autumn	début de l'automne
处暑 chùshǔ	End of Heat	fin de la canicule
白露 báilù	White dew	rosée blanche
秋分 qiūfēn	Autumn Center	milieu de l'automne
寒露 hánlù	Cold Dew	rosée froide
霜降 shuāngjiàng	Frost's Descent	tombée de la gelée
立冬 lìdōng	Start of Winter	début de l'hiver
小雪 xiǎoxuě	Lesser Snow	petite neige
大雪 dàxuě	Great Snow	grande neige
冬至 dōngzhì	Winter Maximum	maximum de l'hiver

小寒 xiǎohán	Lesser Cold	petit froid
大寒 dàhán	Great Cold	grand froid
相连 xiānglián	link	relier

24 个节气

中国传统的一年分成 24 个节气，每个节气有 14 到 16 天。每个节气的名字是这个节气第一天的名字。

中国传统的一年也分四个"季节"，分别为"春天"、"夏天"、"秋天"和"冬天"。这四个季节分别开始于"立春"、"立夏"、"立秋"和"立冬"。

24 节气歌

春雨惊春清谷天，夏满芒夏暑相连。
秋处露秋寒霜降，冬雪雪冬小大寒。

24个节气	对应的传统季节
立春 lìchūn	
雨水 yǔshuǐ	
惊蛰 jīngzhé	春天 chūntiān
春分 chūnfēn	
清明 qīngmíng	
谷雨 gǔyǔ	
立夏 lìxià	
小满 xiǎomǎn	
芒种 mángzhòng	夏天 xiàtiān
夏至 xiàzhì	
小暑 xiǎoshǔ	
大暑 dàshǔ	
立秋 lìqiū	
处暑 chùshǔ	
白露 báilù	秋天 qiūtiān
秋分 qiūfēn	
寒露 hánlù	
霜降 shuāngjiàng	
立冬 lìdōng	
小雪 xiǎoxuě	
大雪 dàxuě	冬天 dōngtiān
冬至 dōngzhì	
小寒 xiǎohán	
大寒 dàhán	

16-8 The four seasons

16-8 Les quatre saisons

16-8 四季

汉语	English	Français
四季 sìjì	Four seasons	les quatre saisons
季节 jìjié	season	saison
划分 huàfēn	cut, divide	partager, découper
定义 dìngyì	definition	définition
春天 chūntiān	Spring	printemps
春分 chūnfēn	Spring Equinox	équinoxe de printemps
夏天 xiàtiān	Summer	été
夏至 xiàzhì	Summer Solstice	solstice d'été
秋天 qiūtiān	autumn / fall	automne
秋分 qiūfēn	Autumn Equinox	équinoxe d'automne
冬天 dōngtiān	Winter	hiver
冬至 dōngzhì	Winter Solstice	solstice d'hiver
公历 gōnglì	Gregorian calendar	calendrier grégorien
农历 nónglì	traditional Chinese calendar	calendrier traditionnel chinois
夏历 xiàlì	traditional Chinese calendar	calendrier traditionnel chinois

四季

　　公历的一年和中国传统的一年都划分为"四季"，这四个"季节"分别是"春天"、"夏天"、"秋天"和"冬天"。可是传统中国的"季节"和公历的四季的定义不同。
　　中国的"春天"、"夏天"、"秋天"和"冬天"分别开始于"立春"、"立夏"、"立秋"和"立冬"。可是公历的

"春天"、"夏天"、"秋天"和"冬天"分别开始于"春分"、"夏至"、"秋分"和"冬至"。

另外,北半球和南半球公历中的四季又不同。

南半球的公历季节	北半球的公历季节	中国的24个节气	中国农历的季节
公历的夏天开始于南半球夏至（就是北半球冬至）	公历冬天开始于北半球冬至（就是南半球夏至）	立春 lìchūn	夏历的春天开始于立春
		雨水 yǔshuǐ	
		惊蛰 jīngzhé	
公历的秋天开始于南半球的秋分（就是北半球的春分）	公历春天开始于北半球春分（就是南半球秋分）	春分 chūnfēn	
		清明 qīngmíng	
		谷雨 gǔyǔ	
公历的冬天开始于南半球冬至（就是北半球夏至）	公历夏天开始于北半球夏至（就是南半球冬至）	立夏 lìxià	夏历的夏天开始于立夏
		小满 xiǎomǎn	
		芒种 mángzhòng	
		夏至 xiàzhì	
		小暑 xiǎoshǔ	
		大暑 dàshǔ	
公历的春天开始于南半球的春分（就是北半球的秋分）	公历秋天开始于北半球秋分（就是南半球春分）	立秋 lìqiū	夏历的秋天开始于立秋
		处暑 chùshǔ	
		白露 báilù	
		秋分 qiūfēn	
		寒露 hánlù	
		霜降 shuāngjiàng	
公历的夏天	公历冬天	立冬 lìdōng	夏历的冬天开始于立冬
		小雪 xiǎoxuě	
		大雪 dàxuě	
		冬至 dōngzhì	
		小寒 xiǎohán	
		大寒 dàhán	

16-9 Phases of the Moon

16-9 Les phases de la Lune

16-9 月相

汉语	English	Français
月球 yuèqiú	the Moon	la Lune
月亮 yuèliang	the Moon	la Lune
卫星 wèixīng	satellite	satellite
月相 yuèxiāng	phases of the Moon	phases de la Lune
照明 zhàomíng	to illuminate	éclairer
日光 rìguāng	sunlight	lumière du Soleil
朔月 shuòyuè	New Moon	nouvelle lune
上弦月 shàngxián yuè	First Quarter Moon	premier quartier de lune
望月 wàngyuè	Full Moon	pleine lune
下弦月 xià xián yuè	Third Quarter Moon, Waning Moon	dernier quartier de lune

月亮围绕地球公转

月球是地球的天然卫星，也叫月亮。月球围绕着地球以 27.32 天的周期旋转。

月球围绕地球的周期，平均为 29.53059 天，也就等于 29 天 12 小时 44 分 2.8 秒。

月相

月相是从地球上能看到被日光照明的月球部分。主要的月相有朔月、上弦月、望月和下弦月。

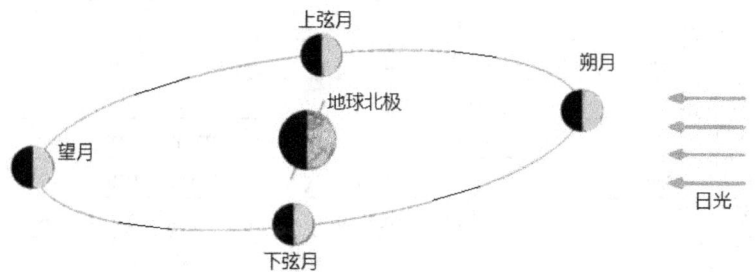

16-10 Chinese traditional calendar 1

16-10 Calendrier traditionnel chinois 1

16-10 夏历 1

汉语	English	Français
夏历 xiàlì	traditional Chinese calendar	calendrier traditionnel chinois
农历 nónglì	traditional Chinese calendar	calendrier traditionnel chinois
阳历 yánglì	solar calendar	calendrier solaire
阴历 yīnlì	lunar calendar	calendrier lunaire
阴阳历 yīnyánglì	lunisolar calendar	calendrier luni-solaire
正月 zhēngyuè	1st month of the Chinese calendar	1er mois du calendrier chinois
腊月 làyuè	last month of the Chinese calendar	dernier mois du calendrier chinois
廿 niàn	twenty	vingt
连续 liánxù	consecutive	consécutif
积累 jīlěi	to accumulate	accumuler
属于 shǔyú	belong to	appartenir à
对应 duìyìng	to correspond	correspondre
朔月 shuòyuè	New Moon	nouvelle lune
望月 wàngyuè	Full Moon	pleine lune
回归年 huíguī nián	solar year	année solaire
闰月 rùnyuè	intercalary month, leap month	mois intercalaire

夏历或农历

"夏历"是中国的传统日历,"夏历"的"夏"是"华夏"的"夏"。夏历也叫做"农历"。

夏历的第一个月叫"正月"("正月"的"正"读 zhēng)。夏历的第 12 个月叫"12月"也叫"腊月"。

夏历的每个月的前 10 天叫"初一"、"初二"、…、"初十",用"*chū* 初"字,比如夏历 8 月的第九到第十一十天分别是"八月初九"、"八月初十"、"八月十一"。夏历的每个月的 21 日到 29 日用"*niàn* 廿"字,即"廿一"、"廿二",等。这样,夏历 8 月的第二十到第二十二天分别是"八月二十"、"八月廿一"、"八月廿二"。

公历和夏历的节日

春节从公元 1912 年起是夏历正月初一,1912 年前是立春。

元旦从公元 1912 年起是公历元旦,1912 年前是夏历正月初一。

16-11 Chinese traditional calendar 2

16-11 Calendrier traditionnel chinois 2

16-11 夏历 2

汉语	English	Français
阳历 yánglì	solar calendar	calendrier solaire
阴历 yīnlì	lunar calendar	calendrier lunaire
阴阳历 yīnyánglì	lunisolar calendar	calendrier luni-solaire
连续 liánxù	consecutive	consécutif
积累 jīlěi	to accumulate	accumuler
属于 shǔyú	belong to	appartenir à
对应 duìyìng	to correspond	correspondre
朔月 shuòyuè	New Moon	nouvelle lune
望月 wàngyuè	Full Moon	pleine lune
回归年 huíguī nián	solar year	année solaire
闰月 rùnyuè	intercalary month, leap month	mois intercalaire

一种阴阳历

夏历是一种"阴阳历"。阴阳历的"阴"字跟月亮有关系，"阳"字跟太阳有关系，阴阳历是同时依靠月亮绕地球的周期和地球绕太阳的周期的一种历法。

每个月的 1 日要对应朔月，那么每个月的最后一天要对应下次朔月，而且，一个月的 14 日或 15 日或 16 日对应望月。

夏历每年正月初一，就是夏历年份的第一天，总是北半球春分以前倒数第二次朔月。

月亮绕地球的周期，平均为 29.53059 天。连续两个月亮绕地球的时间等于 59.06118 天，也就等于 59 天 1 小时 28 分 5.9 秒，所以夏历有的月份是 29 天，有的月份是 30 天。29 天的月份叫"小月"，30 天的月份叫"大月"。这样一个月份的 29 日或 30 日或下个月的 1 日对应朔月，一个月的 14 日或 15 日或 16 日对应望月。

一个回归年（也叫做太阳年）有 365.2422 天，可是夏历中连续两个月有 59 天，那么连续 12 个月有 354 天，也就是说比一个回归年少 9.2422 天。所以夏历的一些年份要加上一个闰月才能让夏历的年份和回归年不积累差距。比如，公元 2012 年夏历 4 月后加上一个 29 天的闰 4 月，公元 2014 年年农 9 月后加上一个 29 天的闰 9 月，公元 2017 年，夏历 6 月后加上一个 30 天的闰 6 月。

因此，阳历的 24"节气"其中有 12 个属于夏历的那个月，是不变的：雨水属于正月（夏历的第一个月份）；春分属于二月；谷雨属于三月；小满属于四月；夏至属于五月；大暑属于六月；处暑属于七月；秋分属于八月；霜降属于九月；小雪属于十月；冬至属于十一月；大寒属于十二月。其他 12 个节气属于夏历哪个月份每年都会有变化。

夏历每年正月初一，总是北半球春分以前倒数第二次朔月，也就是说正月初一离公历 3 月 20 日或 21 日最少有 29 天，最多有 59 天，那么正月初一总是属于公历的一月或二月。

17. How to read letters

17. Lecture des lettres

17. 字母的读法

17-1 English alphabet

17-1 Alphabet anglais

17-1 英语字母

大写	小写	汉语拼音	大写	小写	汉语拼音
A	a	ēi	N	n	ēn
B	b	bì	O	o	ōu
C	c	sēi, xī	P	p	pì
D	d	dì	Q	q	kiù
E	e	yì	R	r	àr, ár
F	f	éifu	S	s	éisi
G	g	jī	T	t	tì
H	h	éichi	U	u	yōu
I	i	ài, ái	V	v	wēi, vī
J	j	zhèi	W	w	dáboliu
K	k	kèi	X	x	éikesi
L	l	éilu	Y	y	wài
M	m	éimu	Z	z	zèi

1. NBA 读"*ēn bì ēi*"。MTV 读"*áimu tì wēi*"。复数集ℂ读"*sēi*"。VPN 读"*wēi pì ēn*"。

2. 大写 A 读"大 *ēi*"，小写 a 读"小 *ēi*"。

17-2 Greek alphabet

17-2 Alphabet grec

17-2 希腊字母

大写	小写	汉语拼音	中文注音	大写	小写	汉语拼音	中文注音
A	α	ā'ěrfǎ	阿尔法	N	ν	niǔ	纽
B	β	bèitǎ	贝塔	Ξ	ξ	kèxī	克西
Γ	γ	gāmǎ	伽马	O	ο	àomìkèróng	奥密克戎
Δ	δ	dé'ěrtǎ	德尔塔	Π	π	pài	派
E	ε	āipǔxīlóng	艾普西隆	P	ρ	róu	柔
Z	ζ	zétǎ	泽塔	Σ	σ	xīgémǎ	西格马
H	η	yītǎ	伊塔	T	τ	táo	陶
Θ	θ	xītǎ	西塔	Y	υ	yǔpǔxīlóng	宇普西隆
I	ι	yuētǎ	约塔	Φ	φ	fài	斐
K	κ	kǎpà	卡帕	X	χ	xī	希
Λ	λ	lāmǔdá	拉姆达	Ψ	ψ	pǔxī	普西
M	μ	miù	谬	Ω	ω	àomǐjiā	奥米伽

1. 字母 π 也是"圆周率"（π ≈ 3.14）的符号。

2. 当 Ω 作为电阻单位的符号时，读 Ōumǔ（欧姆）。

18. Lexicons

18. Lexiques

18. 词汇表

The lexicons hereafter use 600 of the most common Chinese characters; they are sufficient enough to form the basic vocabulary of mathematics and calendric astronomy.

Les lexiques suivants utilisent 600 des caractères chinois les plus courants ; c'est suffisant pour former l'essentiel du vocabulaire des mathématiques et de l'astonomie calendaire.

以下词汇单子使用了600个常用汉字，便构成了最普遍的的汉语数学和历法天文词汇。

18-1 Chinese-English-French

18-1 Chinois-anglais-français

18-1 汉英法

中文	Pinyin	English	Français
阿拉伯	ālābó	Arab, Arabic	arabe
按; 按照	àn; ànzhào	according to	selon
凹多边形	āo duōbiānxíng	concave polygon	polygone concave
凹凸性	āotūxìng	convexity	concavité
八面体	bāmiàntǐ	octahedron	octaèdre
把...分成	bǎ ... fēnchéng	split ... into	partager ... en
把A写成B	bǎ A xiěchéng B	write A as B	écrire A sous la forme B
白天	báitiān	daytime	de jour
百分比	bǎifēnbǐ	percentage	pourcentage
百分位	bǎifēnwèi	hundredths digit position	rang des centièmes
摆动数列	bǎidòng shùliè	oscillating sequence	suite oscillante
半径	bànjìng	radius	rayon
半圆	bànyuán	half circle	demi-cercle
包含	bāohán	contain	contenir
包含于	bāohányú	contained in	contenu dans
包括	bāokuò	include	inclure
北回归线	běi huíguīxiàn	Tropic of Cancer	tropique du cancer
北半球	běibànqiú	Northern Hemisphere	hémisphère Nord
北极	běijí	North Pole	pôle Nord
倍数	bèishù	multiple	multiple
被除数	bèi chú shù	dividend	dividende

本初子午线	běnchūzǐwǔxiàn	first meridian	méridien origine
比	bǐ	ratio, scale factor	rapport
比较	bǐjiào	compare	comparer
比如	bǐrú	for instance	par exemple
笔算	bǐsuàn	written calculation	calcul écrit, calcul posé
必要条件	bìyào tiáojiàn	necessary condition	condition nécessaire
闭区间	bì qūjiān	closed interval	intervalle fermé
闭图	bìtú	closed figure	figure fermée
毕达哥拉斯	Bìdágēlāsī	Pythagoras	Pythagore
边界	biānjiè	boundary	frontière
扁	biǎn	flat	aplati
扁率	biǎnlǜ	flattening	aplatissement
变	biàn	change	changer
变化	biànhuà	change	changement
变化率	biànhuà lǜ	slope	taux de variation
变换	biànhuàn	transformation	transformation
变量	biànliàng	variable	variable
变式	biànshì	transformation	transformation
标准差	biāozhǔnchā	standard deviation	écart-type
表达	biǎodá	express	exprimer
表达式	biǎodáshì	expression	expression
表格	biǎogé	table	tableau
表面	biǎomiàn	surface	surface
表示	biǎoshì	stand for, express	représenter, exprimer
并	bìng	union	réunion
并集	bìngjí	union	réunion
波动	bōdòng	fluctuate, fluctuation	fluctuer, fluctuation
伯努利	Bónǔlì	Bernoulli	Bernoulli
伯努利分布	Bónǔlì fēnbù	Bernoulli distribution	loi de Bernoulli
补	bǔ	complete	compléter
补角	bǔjiǎo	supplementary angles	angles supplémentaires
不变	bùbiàn	constant	constant

不等边三角形	bùděngbiān sānjiǎoxíng	scalene triangle	triangle scalène
不等式	bùděngshì	inequality	inégalité
不定积分	bùdìng jīfēn	indefinite integral	primitive
不放回式	bù fànghuí shì	without replacement	sans remise
不可能事件	bùkěnéng shìjiàn	impossible event	événement impossible
不相容	bùxiāngróng	incompatible, mutually exclusive	incompatible
不足	bùzú	round down	par défaut
步骤	bùzhòu	step	étape
部分	bùfēn	part	partie
猜想	cāixiǎng	conjecture	conjecture
侧面	cèmiàn	lateral face	face latérale
测量	cèliáng	measurement	mesure
差	chā	difference	différence
长度	chángdù	length	longueur
长方体	chángfāngtǐ	cuboid	pavé droit, parallélépipède rectangle
长方形	chángfāngxíng	rectangle	rectangle
常数	chángshù	constant quantity	constante
常数列	chángshùliè	constant sequence	suite constante
成比例	chéng bǐlì	be proportional	être proportionnel
成功	chénggōng	success	succès
成立	chénglì	to be true	être vrai
程度	chéngdù	degree, level	degré, niveau
程序	chéngxù	program	programme
乘法	chéngfǎ	multiplication	multiplication
乘方	chéngfāng	exponentiation	exponentiation
乘号	chénghào	multiplication sign	signe de multiplication
乘积	chéngjī	product	produit
称为	chēngwéi	be known as	s'appeler
尺	chǐ	*chǐ* (length unit)	*chǐ* (unité de longueur)
尺子	chǐzi	ruler	règle
赤道	chìdào	equator	équateur

充分条件	chōngfèn tiáojiàn	sufficient condition	condition suffisante
重复	chóngfù	repeat	répéter
重合	chónghé	to be coincident, coincide	être confondus
抽取	chōuqǔ	extract	retirer
抽象	chōuxiàng	abstract	abstrait
抽象化	chōuxiànghuà	abstraction	abstraction
抽样	chōuyàng	to sample, sampling	tirage, échantillonnage
筹算	chóusuàn	calculation with counting rods	calcul avec des bâtonnets
出现	chūxiàn	turn up, appear	apparaître
初相	chū xiàng	initial phase	phase à l'origine
初值	chū zhí	initial value	valeur initiale
除以	chú yǐ	divided by	diviser par
除法	chúfǎ	division	division
除非	chúfēi	unless	sauf si
除号	chúhào	division sign	signe de la division
除数	chúshù	divisor	diviseur
处	chù	location	lieu
传递性	chuándìxìng	transitivity	transitivité
垂心	chuíxīn	orthocenter	orthocentre
垂直	chuízhí	perpendicular	perpendiculaire
垂直平分线	chuízhí píngfēn xiàn	perpendicular bisector	médiatrice
春分	chūnfēn	Spring Equinox	équinoxe de printemps
春天	chūntiān	Spring	printemps
纯	chún	pure	pur
纯虚数	chún xūshù	imaginary number	nombre imaginaire pur
词头	cítóu	prefix	préfixe
次数	cìshù	number of times, degree	nombre d'occurrences, degré
次序	cìxù	order	ordre
存在	cúnzài	exist	exister
存在量词	cúnzài liàngcí	existential quantifier	quantificateur existentiel
寸	cùn	*cùn* (length unit)	*cùn* (unité de longueur)

答案	dáàn	answer	réponse
大小	dàxiǎo	size, magnitude	taille, grandeur
大于	dàyú	bigger than	plus grand que
大圆	dà yuán	great circle	grand cercle
代入	dàirù	substitute	substituer
代入法	dàirù fǎ	method by substitution	méthode par substitution
代数	dàishù	algebra	algèbre
代数式	dàishù shì	algebraic expression	expression algébrique
带	dài	bear, carry	porter
带分数	dài fēnshù	mixed number	nombre mixte
单调	dāndiào	monotonic, monotone	monotone
单调性	dāndiàoxìng	monotonicity	monotonie
单射	dānshè	injective function	injection
单位长度	dānwèi chángdù	length unit	unité de longueur
单元格	dānyuán gé	cell	cellule
石	dàn	*dàn* (capacity unit)	*dàn* (unité de capacité)
当...时	dāng…shí	when	quand
当且仅当	dāngqiějǐndāng	if and only if	si et seulement si
档	dàng	bar	barreau
导数	dǎoshù	derivative	dérivée
倒数	dàoshù	inverse	inverse
等边三角形	děngbiān sānjiǎoxíng	equilateral triangle	triangle équilatéral
等比数列	děngbǐshùliè	geometric progression	suite géométrique
等差数列	děngchā shùliè	arithmetic progression	suite arithmétique
等号	děnghào	equals sign	signe égal
等式	děngshì	equality	égalité
等腰三角形	děngyāo sānjiǎoxíng	isosceles triangle	triangle isocèle
等于	děngyú	equal to	égal à
底	dǐ	base	base
底边	dǐbiān	base (side)	base (côté)

底面	dǐmiàn	base (surface)	base (face)
底数	dǐshù	base (number)	base (nombre)
地球	dìqiú	Earth	la Terre
地支	dìzhī	earthly branch	branche terrestre
递减	dìjiǎn	decrease	décroître
递减数列	dìjiǎn shùliè	decreasing sequence	suite décroissante
递推公式	dìtuī gōngshì	recursive relation	relation de récurrence
递增	dìzēng	grow	croître
递增数列	dìzēng shùliè	increasing sequence	suite croissante
电脑	diànnǎo	computer	ordinateur
电子表格	diànzǐ biǎogé	spreadsheet software	tableur
点	diǎn	point	point
点积	diǎnjī	dot product	produit scalaire
顶点	dǐngdiǎn	vertex	sommet
顶点形式	dǐngdiǎn xíngshì	vertex form	forme canonique
定积分	dìng jīfēn	integral	intégrale
定点	dìngdiǎn	fixed point	point fixe
定理	dìnglǐ	theorem	théorème
定位	dìngwèi	localization	repérage
定义	dìngyì	definition	définition
定义域	dìngyì yù	domain	ensemble de définition
冬天	dōngtiān	Winter	hiver
冬至	dōngzhì	Winter Solstice	solstice d'hiver
动态	dòngtài	dynamic	dynamique
斗	dǒu	dǒu (capacity unit)	dǒu (unité de capacité)
读	dú	to read	lire
读法	dúfǎ	reading, pronunciation	lecture, prononciation
独立事件	dúlì shìjiàn	independent event	événement indépendant
度	dù	degree	degré
端点	duāndiǎn	end point	extrémité
对边	duìbiān	opposite side	côté opposé

对称	duìchèn	symmetry (transformation), symmetric	symétrie (transformation), symétrique
对称中心	duìchèn zhōngxīn	center of symmetry	centre de symétrie
对称轴	duìchèn zhóu	axis of symmetry	axe de symétrie
对称性	duìchènxìng	symmetry (property)	symétrie (propriété)
对顶角	duìdǐng jiǎo	vertical angles, opposite angles	angles opposés par le sommet
对角线	duìjiǎoxiàn	diagonal	diagonale
对立	duìlì	complementary	complémentaire
对数函数	duìshù hánshù	logarithmic function	fonction logarithmique
对象	duìxiàng	object	objet
对应	duìyìng	to correspond	correspondre
对于	duìyú	for, regarding	pour
对折	duìzhé	to fold	plier
吨	dūn	ton	tonne
钝角	dùnjiǎo	obtuse angle	angle obtus
钝角三角形	dùnjiǎo sānjiǎoxíng	obtuse triangle	triangle obtusangle
多边形	duōbiānxíng	polygon	polygone
多面体	duōmiàntǐ	polyhedron	polyèdre
多项式	duōxiàngshì	polynomial	polynôme
而且	érqiě	more over	de plus
二次	èr cì	second degree	second degré
二元一次	èr yuán yīcì	linear in two variables	du premier degré à deux inconnues
二次函数	èrcì hánshù	quadratic function	fonction du second degré
二阶导数	èrjiē dǎoshù	second derivative	dérivée seconde
二进制	èrjìnzhì	binary notation	système binaire
二十面体	èrshímiàntǐ	icosahedron	icosaèdre
二维	èrwéi	bidimensional	bidimensionnel
二项分布	èrxiàng fēnbù	binomial distribution	loi binomiale
二项式系数	èrxiàngshì xìshù	binomial coefficient	coefficient binomial

发散数列	fāsàn shùliè	divergent sequence	suite divergente
法则	fǎzé	law, rule	loi, règle
反证法	fǎn zhèng fǎ	proof by contradiction	raisonnement par l'absurde
反比例	fǎnbǐlì	inversely proportional	inversement proportionnel
反比例函数	fǎnbǐlì hánshù	multiplicative inverse	fonction inverse
反函数	fǎnhánshù	inverse function	fonction réciproque
反例	fǎnlì	counterexample	contre-exemple
反之	fǎnzhī	reversely	réciproquement
范数	fànshù	norm	norme, module
范围	fànwéi	domain, range	domaine
方差	fāngchā	variance	variance
方程	fāngchéng	equation	équation
方程组	fāngchéngzǔ	system of equations	système d'équations
方法	fāngfǎ	method	méthode
方向	fāngxiàng	direction, orientation	direction, orientation
放大	fàngdà	enlarge	agrandir
放回式	fànghuí shì	with replication	avec remise
非	fēi	not, non-	non
非空	fēi kōng	nonempty	non vide
非零	fēi líng	nonzero	non nul
分	fēn	hundredth of monetary unit; minute	centième d'unité monétaire ; minute
分别	fēnbié	respectively	respectivement
分布	fēnbù	distribution	répartition, distribution
分成	fēnchéng	share into	partager en
分割	fēngē	separate, part, cut	séparer, couper
分解	fēnjiě	decompose	décomposer
分类	fēnlèi	classification	classification
分母	fēnmǔ	denominator	dénominateur
分配	fēnpèi	distribute	distribuer
分配律	fēnpèi lǜ	distributive property	distributivité
分数	fēnshù	fraction	fraction
分支	fēnzhī	field, branch, sector	branche
分子	fēnzǐ	numerator	numérateur

否命题	fǒu mìngtí	negation (proposition)	négation (proposition)
否定	fǒudìng	to negate, negation	nier, négation
否则	fǒuzé	if not	sinon
符号	fúhào	symbol	symbole
幅度	fúdù	width	étendue
辐角	fújiǎo	argument	argument
负号	fùhào	minus sign	signe moins
负数	fùshù	negative number	nombre négatif
复合	fùhé	composition	composition
复平面	fù píngmiàn	complex plane	plan complexe
复数	fùshù	complex number	nombre complexe
改变	gǎibiàn	change	changer
概率	gàilǜ	probability	probabilité
概率分布	gàilǜ fēnbù	probability distribution	loi de probabilité
概率密度函数	gàilǜ mídù hánshù	probability density function	fonction de densité de probabilité
概念	gàiniàn	concept	concept
高	gāo	height, altitude	hauteur
高斯	Gāosī	Gauss	Gauss
格林威治	Gélínwēizhì	Greenwich	Greenwich
个位	gèwèi	units digit place	rang des unités
根	gēn	root, solution	racine, solution
根号	gēnhào	radical sign	radical
公倍数	gōngbèishù	common multiple	multiple commun
公比	gōngbǐ	common ratio	raison d'une suite géométrique
公差	gōngchā	common difference	raison d'une suite arithmétique
公共	gōnggòng	common	commun
公斤	gōngjīn	kilogram	kilogramme
公历	gōnglì	Gregorian calendar	calendrier grégorien
公里	gōnglǐ	kilometer	kilomètre
公里每小时	gōnglǐ měi xiǎoshí	km/h	km/h
公理	gōnglǐ	axiom	axiome
公顷	gōngqǐng	*gōngqǐng* (area unit)	*gōngqǐng* (unité d'aire)

公式	gōngshì	formula	formule
公因数	gōngyīnshù	common factor	facteur commun
公因数因式分解	gōngyīnshù yīnshì fēnjiě	factorize	factoriser
公元	gōngyuán	Common era	Ère commune
公元前	gōngyuánqián	Before common era	Avant l'ère commune
公约数	gōngyuēshù	common divisor	diviseur commun
公转	gōngzhuàn	orbital revolution	révolution orbitale
共面	gòngmiàn	coplanar	coplanaires
共线	gòngxiàn	collinear	alignés
勾股定理	gōugǔ dìnglǐ	Pythagoras' theorem	théorème de Pythagore
估计	gūjì	estimate	estimer
拐点	guǎi diǎn	inflexion point	point d'inflexion
关系	guānxi	relation	relation
关于	guānyú	about	par rapport à
关于 x 的方程	guānyú x de fāngchéng	equation of unknown x	équation d'inconnue x
光年	guāngnián	light-year	année-lumière
归纳	guīnà	to infer from facts, induction	inférer, induction
归谬法	guī miù fǎ	proof by contradiction	raisonnement par l'absurde
规定	guīdìng	to stipulate	fixer, stipuler
规则	guīzé	rule	règle
轨道	guǐdào	orbit	orbite
棍子	gùnzi	rod	bâton
国际	guójì	international	international
过	guò	pass through	passer par
过程	guòchéng	process	processus
过剩	guòshèng	round up	par excès
海里	hǎilǐ	nautical mile	mille nautique
海王星	hǎiwángxīng	Neptune	Neptune
含	hán	contain	contenir
含于	hán yú	contained in	contenu dans
函数	hánshù	function	fonction
行	háng	row	ligne
号码	hàomǎ	number	numéro

和	hé	sum	somme
合并	hébìng	regroup, reduce	regrouper, réduire
黑夜	hēiyè	night	nuit
恒等式	héng děngshì	identity (equality)	identité (égalité)
恒同变换	héngtóng biànhuàn	identity (transformation)	identité (transformation)
恒星	héngxīng	star	étoile
横	héng	horizontal (in space or a plane)	horizontal (dans l'espace ou un plan)
横轴	héngzhóu	x-axis	axe des abscisses
弧	hú	arc	arc
互补	hùbǔ	to be supplementary	être supplémentaires
互斥事件	hùchì shìjiàn	mutually exclusive event	événement incompatible
互为	hùwéi	are mutually	sont mutuellement
互相	hùxiāng	mutually	mutuellement
互余	hùyú	to be complementary	être complémentaires
划分	huàfēn	cut, divide	partager, découper
化简	huàjiǎn	simplify	simplifier
还	huán	return	rendre
环面	huánmiàn	torus	tore
环形	huánxíng	annulus	couronne
换算	huànsuàn	conversion	conversion
换质位法	huàn zhì wèi fǎ	proof by contrapositive	raisonnement par contraposée
黄道	huángdào	ecliptic	écliptique
黄道面	huángdào miàn	ecliptic plane	plan de l'écliptique
回归年	huíguī nián	solar year	année solaire
彗星	huìxīng	comet	comète
火星	huǒxīng	Mars	Mars
或	huò	or, and/or, inclusive 'or'	ou, et/ou, « ou » inclusif
几率	jīlǜ	probability, odds	probabilité, chance
奇函数	jī hánshù	odd function	fonction impaire
奇偶性	jīǒuxìng	parity	parité
奇数	jīshù	odd number	nombre impair
积	jī	product	produit
积分	jīfēn	integral, integration, integrate,	intégrale, intégration, intégrer, calcul intégral

积数	jīshù	product	produit
基本事件	jīběn shìjiàn	elementary event, outcome	événement élémentaire, éventualité
基数	jīshù	cardinal	cardinal
即	jí	that is	c'est-à-dire
极差	jíchā	range	étendue
极大值	jídàzhí	local maximum	maximum local
极限	jíxiàn	limit	limite
极小值	jíxiǎozhí	local minimum	minimum local
极值	jízhí	local extremum	extremum local
极值定理	jízhí dìnglǐ	extreme value theorem	théorème des bornes
极值点	jízhídiǎn	local extremum point	point d'extremum local
几何	jǐhé	geometry	géométrie
计量单位	jìliàng dānwèi	unit of measurement	unité de mesure
计算	jìsuàn	compute, reckon	calculer
计算机	jìsuànjī	computer	ordinateur
记法	jìfǎ	notation	notation
记作	jìzuò	be written	être noté, se note
季节	jìjié	season	saison
加法	jiāfǎ	addition	addition
加号	jiāhào	plus sign	signe d'addition
加减法	jiājiǎn fǎ	method of linear combination	méthode de combinaison linéaire
加权平均数	jiāquán píngjūnshù	weighted mean	moyenne pondérée
夹在	jiāzài	caught between	coincé entre
夹角	jiájiǎo	angle (between two lines)	angle (formé par deux droites)
甲子	jiǎzǐ	sixty term cycle	cycle de soixante termes
假	jiǎ	false	faux
假分数	jiǎ fēnshù	improper fraction	fraction impropre
假设	jiǎshè	hypothesis, conjecture	hypothèse, conjecture
价格	jiàgé	price	prix
减法	jiǎnfǎ	subtraction	soustraction

减函数	jiǎnhánshù	decreasing function	fonction décroissante
减号	jiǎnhào	minus sign	signe de soustraction
建立	jiànlì	establish	établir
减少	jiǎnshǎo	decrease	décroître
建模	jiàn mó	to model, modeling	modéliser, modélisation
箭头	jiàntou	arrow	flèche
交	jiāo	intersection	intersection
交点	jiāodiǎn	point of intersection	point d'intersection
交错数列	jiāocuò shùliè	alternating sequence	suite alternée
交换	jiāohuàn	exchange	échanger
交换律	jiāohuàn lǜ	commutative property	commutativité
交集	jiāojí	intersection	intersection
角	jiǎo	angle; tenth of monetary unit	angle ; dixième d'unité monétaire
角度	jiǎodù	measure of an angle	mesure d'angle
角频率	jiǎo pínlǜ	angular frequency	fréquence angulaire
角平分线	jiǎopíngfēnxiàn	angle bisector	bissectrice
叫做	jiàozuò	be called	s'appeler
阶乘	jiēchéng	factorial	factorielle
阶段	jiēduàn	class	classe
接近	jiējìn	to approach	approcher
节气	jiéqi	solar term	période solaire
结果	jiéguǒ	result	résultat
结合	jiéhé	unite, combine	combiner, unir
结合律	jiéhé lǜ	associative property	associativité
结论	jiélùn	consequence	conséquence
截	jié	cut	couper
截线	jiéxiàn	intersecting line	ligne d'intersection
解	jiě	solve; solution	résoudre ; solution
解析几何	jiěxījǐhé	analytic geometry	géométrie analytique
解析式	jiěxīshì	analytic expression	expression analytique
介值定理	jièzhí dìnglǐ	intermediate value theorem	théorème des valeurs intermédiaires
界限	jièxiàn	limit	limite

斤	jīn	(weight unit) 500 g	(unité de poids) 500 g
金星	jīnxīng	Venus	Vénus
尽	jìn	end	finir
近似值	jìnsì zhí	approximate value	valeur approchée
进位	jìn wèi	pass to higher position	passer au rang supérieur
进行	jìnxíng	do, perform	faire, effectuer
进一法	jìn yī fǎ	rounding up	arrondi à la valeur supérieure
经线	jīng xiàn	meridian	méridien
经度	jīngdù	longitude	longitude
经纬度	jīngwěi dù	longitude and latitude	longitude and latitude
精确值	jīngquè zhí	exact value	valeur exacte
九九口诀	jiǔ jiǔ kǒujué	multiplication table	table de multiplication
局部	júbù	local	local
矩形	jǔxíng	rectangle	rectangle
具有	jùyǒu	have, possess	avoir, posséder
距离	jùlí	distance	distance
决策	juécè	make a decision-making, decision-making	prendre une décision, prise de décision
绝对值	juéduì zhí	absolute value	valeur absolue
开方	kāi fāng	take the root	prendre la racine
开立方	kāi lìfāng	extract the cube root	extraire la racine cubique
开平方	kāi píngfāng	extract the square root	extraire la racine carrée
开区间	kāi qūjiān	open interval	intervalle ouvert
开图	kāitú	open figure	figure ouverte
看为	kànwéi	view as	considérer comme
靠近	kàojìn	near	proche
可导函数	kědǎo hánshù	differentiable function	fonction dérivable
可导性	kědǎoxìng	differentiability	dérivabilité
克	kè	gram	gramme
空集	kōngjí	empty set	ensemble vide
空间	kōngjiān	space	espace

空间几何	kōngjiān jǐhé	space geometry	géométrie dans l'espace
空位	kōngwèi	empty position	position vide
口诀	kǒujué	mnemonic, verbal routine	mnémonique, comptine mnémonique
块	kuài	monetary unit	unité monétaire
宽	kuān	width	largeur
扩分	kuò fēn	multiply numerator and denominator by the same integer	multiplier numérateur et dénominateur par un même entier
扩展	kuòzhǎn	to expand	se dilater
括号	kuòhào	bracket	parenthèse
腊月	làyuè	last month of the Chinese calendar	dernier mois du calendrier chinois
累积频率	lěijī pínlǜ	cumulative frequency	fréquence cumulée
棱	léng	edge	arête
棱台	léngtái	pyramidal frustum	tronc de pyramide
棱锥体	léngzhuītǐ	pyramid	pyramide
棱柱体	léngzhùtǐ	prism	prisme
离散	lísàn	dispersion	dispersion
里	lǐ	*lǐ* (length unit)	*lǐ* (unité de longueur)
礼拜	lǐbài	week	semaine
力	lì	force	force
历法	lìfǎ	calendar system	système de calendrier
立方	lìfāng	cube	cube
立方体	lìfāngtǐ	cube	cube
立体	lìtǐ	three-dimensional	tridimensionnel
立体几何	lìtǐ jǐhé	solid geometry	géométrie des solides
例子	lìzi	example	exemple
连接	liánjiē	join	relier
连线	liánxiàn	line connecting (two points)	droite qui relie (deux points)
连续	liánxù	consecutive	consécutif
连续函数	liánxù hánshù	continuous function	fonction continue
连续性	liánxùxìng	continuity	continuité

敛散性	liǎnsànxìng	convergence	convergence
梁	liáng	beam	poutre
量	liáng	measure	mesurer
量角器	liángjiǎoqì	protractor	rapporteur
两	liǎng	two; (weight unit) 50 g	deux ; (unité de poids) 50 g
两侧	liǎng cè	both sides	des deux côtés
两边	liǎngbiān	both sides	les deux côté
量	liàng	quantity	quantité
量词	liàngcí	classifier	classificateur
列	liè	column	colonne
列表	lièbiǎo	list	liste
邻边	línbiān	adjacent side	côté adjacent
邻域	línyù	neighborhood	voisinage
另一	lìngyī	the other	l'autre
零	líng	zero	zéro
零件	língjiàn	component	pièce
零头	língtóu	decimal part	partie décimale
零下	língxià	below zero	au-dessous de zéro
菱形	língxíng	rhombus	losange
六面体	liùmiàntǐ	hexahedron	hexaèdre
六十进制	liùshíjìnzhì	sexagesimal notation	système sexagésimal
逻辑	luóji	logic	logique
螺线	luóxiàn	spiral	spirale
螺旋	luóxuán	helix	hélice
律	lǜ	law	loi
率	lǜ	rate, ratio	taux, rapport
迈	mài	mile/h or km/h	mille/h ou km/h
满	mǎn	complete	compléter
满射	mǎnshè	surjective function, surjection, onto function	surjection
满足	mǎnzú	satisfy	satisfaire
毛	máo	tenth of monetary unit	dixième d'unité monétaire
米	mǐ	meter	mètre
密度	mìdù	density	densité
幂函数	mì hánshù	power function	fonction puissance
面	miàn	surface, face	surface, face

面积	miànjī	surface area	aire
描述	miáoshù	describe	décrire
秒	miǎo	second	seconde
命题	mìngtí	proposition	proposition
冥王星	míngwángxīng	Pluto	Pluton
模	mó	norm	norme, module
模拟	mónǐ	simulate	simuler
模型	móxíng	model	modèle
莫比乌斯带	Mòbǐwūsī dài	Möbius strip	ruban de Möbius
某	mǒu	some, certain	un certain
亩	mǔ	*mǔ* (area unit)	*mǔ* (unité d'aire)
木星	mùxīng	Jupiter	Jupiter
那么	nàme	then	alors
纳米科技	nàmǐ kējì	nanotechnology	nanotechnologie
南回归线	nán huíguīxiàn	Tropic of Capricorn	tropique du capricorne
南半球	nánbànqiú	Southern Hemisphere	hémisphère Sud
南极	nánjí	South Pole	pôle Sud
内	nèi	inside	intérieur
内错角	nèi cuò jiǎo	alternate interior angles	angles alternes-internes
内部	nèibù	interior	intérieur
内角和	nèijiǎo hé	sum of interior angles	somme des angles intérieurs
内切圆	nèiqiēyuán	inscribed circle	cercle inscrit
内心	nèixīn	incenter	centre du cercle inscrit
逆定理	nì dìnglǐ	converse theorem	réciproque du théorème
逆命题	nì mìngtí	reciprocal proposition	proposition réciproque
逆时针方向	nì shízhēn fāngxiàng	anticlockwise / counterclockwise	sens indirect
逆运算	nì yùnsuàn	opposite operations	opérations contraires
逆否命题	nìfǒu mìngtí	contrapositive proposition	proposition contraposée
牛顿	Niúdùn	Newton	Newton

农历	nónglì	traditional Chinese calendar	calendrier traditionnel chinois
欧拉	Ōulā	Euler	Euler
欧拉数	Ōulā shù	Euler's number	nombre d'Euler
欧拉线	Ōulā xiàn	Euler line	droite d'Euler
偶函数	ǒu hánshù	even function	fonction paire
偶数	ǒushù	even number	nombre pair
排列	páiliè	arrange	ranger
判别式	pànbiéshì	discriminant	discriminant
抛物线	pāowùxiàn	parabola	parabole
帕斯卡三角形	Pàsīkǎ sānjiǎoxíng	Pascal's triangle	triangle de Pascal
陪域	péiyù	codomain	ensemble d'arrivé
偏距	piānjù	offset	décalage
频率	pínlǜ	relative frequency	fréquence
频数	pínshù	absolute frequency	effectif
频数分布直方图	pínshù fēnbù zhífāngtú	histogram	histogramme
平方	píngfāng	square	carré
平分	píngfēn	divide into equal parts	partager en parts égales
平角	píngjiǎo	straight angle	angle plat
平均	píngjūn	average	moyenne
平均数	píngjūnshù	mean	moyenne
平面	píngmiàn	plane surface, plane	surface plane, plan
平面几何	píngmiàn jǐhé	plane geometry	géométrie plane
平行	píngxíng	parallel	parallèle
平行四边形	píngxíng sìbiānxíng	parallelogram	parallélogramme
平移	píngyí	translation	translation
平移对称	píngyí duìchèn	translational symmetry, invariant under translation	invariance par translation, invariant par translation
破	pò	break	casser
七曜	qī yào	Seven Luminaries	Sept Astres
期望值	qīwàng zhí	expected value	espérance mathématique
气体	qìtǐ	gas	gaz
千克	qiānkè	kilogram	kilogramme

千米每小时	qiān mǐ měi xiǎoshí	km/h	km/h
切点	qiēdiǎn	point of tangency	point de tangence
切线	qiēxiàn	tangent line	droite tangente
且	qiě	and, moreover	et, de plus
倾向	qīngxiàng	orientation	orientation
穷举法	qióng jǔ fǎ	proof by cases	raisonnement par disjonction de cas
秋分	qiūfēn	Autumn Equinox	équinoxe d'automne
秋天	qiūtiān	autumn / fall	automne
求	qiú	seek, request	chercher, demander
求导	qiúdǎo	differentiate	dériver
求证	qiúzhèng	prove that	démontrer que
球	qiú	sphere, ball	sphère, boule
球面	qiúmiàn	sphere	sphère
球体	qiútǐ	ball	boule
区间	qūjiān	interval	intervalle
曲面	qūmiàn	curved surface	surface courbe
曲线	qūxiàn	curve	courbe
趋近	qūjìn	to approach	s'approcher
趋势	qūshì	trend, tendency	tendance
趋向	qūxiàng	direction, incline	direction, tendance
趋于	qūyú	to approach	s'approcher
取值	qǔ zhí	take a value	prendre une valeur
去分母	qù fēnmǔ	eliminate the denominators	éliminer les dénominateurs
去括号	qù kuòhào	eliminate the parentheses	éliminer les parenthèses
去尾法	qù wěi fǎ	truncation	troncature
全称量词	quánchēng liàngcí	universal quantifier	quantificateur universel
全局	quánjú	global	global
确定	quèdìng	fixed, set	déterminé
确定事件	quèdìng shìjiàn	sure event	événement certain
绕	rào	around	autour de
任何	rènhé	any	quelconque
任意	rènyì	any, chosen at will	quelque soit, quelconque, fixé
日出	rìchū	sunrise	lever du soleil

日光	rìguāng	sunlight	lumière du Soleil
日历	rìlì	calendar	calendrier
日落	rìluò	sunset	coucher du soleil
容积	róngjī	capacity	capacité
容纳	róngnà	hold	contenir
软件	ruǎnjiàn	software	logiciel
如果	rúguǒ	if	si
如何	rúhé	how	comment
锐角	ruìjiǎo	acute angle	angle aigu
锐角三角形	ruìjiǎo sānjiǎoxíng	acute triangle	triangle acutangle
闰年	rùnnián	leap year	année bissextile
闰月	rùnyuè	intercalary month, leap month	mois intercalaire
若…,则…	ruò …, zé…	if…, then…	si…, alors…
三角函数	sānjiǎo hánshù	trigonometric function	fonction trigonométrique
三角尺	sānjiǎochǐ	set square	équerre
三角形	sānjiǎoxíng	triangle	triangle
三角形不等式	sānjiǎoxíng bùděngshì	triangle inequality	inégalité triangulaire
三棱柱体	sānléngzhùtǐ	triangular prism	prisme triangulaire
三维	sān wéi	three-dimensional	tridimensionnel
三位数	sānwèishù	three-digit number	nombre à trois chiffres
扇形	shànxíng	circular sector	secteur circulaire
扇形图	shànxíngtú	pie chart	diagramme circulaire
商	shāng	quotient	quotient
上界	shàngjiè	upper bound	majorant
上升	shàngshēng	go up	monter
上弦月	shàngxián yuè	First Quarter Moon	premier quartier de lune
舍去	shěqù	discard	éliminer
设	shè	to set	poser, définir
射线	shèxiàn	ray, half line	demi-droite
射影	shèyǐng	projection	projection
升	shēng	liter	litre

失败	shībài	failure	échec
十二进制	shíèr jìnzhì	duodecimal system	système duodécimal
十二面体	shíèrmiàntǐ	dodecahedron	dodécaèdre
十分位	shífēnwèi	tenths digit place	rang des dixièmes
十进制	shíjìnzhì	decimal notation	système décimal
十位	shíwèi	tens digit place	rang des dizaines
时辰	shíchén	two-hour period	période de deux heures
时间	shíjiān	time	temps
实部	shíbù	real part	partie réelle
实根	shígēn	real root	racine réelle
实数	shíshù	real number	nombre réel
实数轴	shíshù zhóu	real number line	droite des réels, droite réelle
实轴	shízhóu	real axis	axe réel
矢量	shǐliàng	vector	vecteur
使	shǐ	to make, to cause	faire, rendre
使得	shǐde	to make, to cause	faire, rendre
是指	shì zhǐ	to refer to	désigner
是否	shìfǒu	whether or not	si oui ou non
世纪	shìjì	century	siècle
事件	shìjiàn	event	événement
式子	shìzi	formula	formule
试算表	shìsuànbiǎo	spreadsheet	feuille de calcul
试验	shìyàn	experiment	expérience
收敛数列	shōuliǎn shùliè	convergent sequence	suite convergente
收敛于	shōuliǎn yú	to converge to	converger vers
收缩	shōusuō	to contract	se contracter
首尾	shǒuwěi	first and last (points)	premier et dernier (points)
首项	shǒuxiàng	first term	premier terme
输出	shūchū	output	sortir (des données)
输入	shūrù	input	entrer (des données), injecter
属于	shǔyú	belong to	appartenir à
数	shǔ	to count	compter
数	shù	number (quantity)	nombre

数集	shùjí	set of numbers	ensemble de nombres
数据	shùjù	data	donnée
数据组	shùjù zǔ	set of data	série statistique
数量	shùliàng	quantity	quantité
数量积	shùliàng jī	scalar product	produit scalaire
数列	shùliè	series of numbers	suite de nombre
数位	shùwèi	place of a digit	rang numérique
数学	shùxué	mathematics	mathématiques
数学分析	shùxué fēnxī	mathematical analysis	analyse
数学归纳法	shùxué guīnàfǎ	mathematical induction	raisonnement par récurrence
数字	shùzì	digit	chiffre
竖	shù	vertical (in space)	vertical (dans l'espace)
双重	shuāngchóng	double-entry	à double entrée
双股螺旋	shuānggǔ luóxuán	double helix	double hélice
双曲线	shuāngqūxiàn	hyperbola	hyperbole
双射	shuāngshè	bijective function, bijection, one-to-one correspondence	bijection
水星	shuǐxīng	Mercury	Mercure
顺时针方向	shùn shízhēn fāngxiàng	clockwise	sens direct
顺序	shùnxù	sequence	succession
朔月	shuòyuè	New Moon	nouvelle lune
四舍五入法	sì shě wǔ rù fǎ	rounding to nearest	arrondi au plus proche
四则运算	sì zé yùnsuàn	four arithmetic operations	les quatre opérations
四边形	sìbiānxíng	quadrilateral	quadrilatère
四分位距	sìfēnwèijù	interquartile range	intervalle interquartile
四季	sìjì	Four seasons	les quatre saisons
四面体	sìmiàntǐ	tetrahedron	tétraèdre
四位数	sìwèishù	quartile	quartile
速度	sùdù	speed	vitesse
算筹	suànchóu	counting rods	bâtonnets de calcul

算法	suànfǎ	algorithm	algorithme
算盘	suànpán	abacus	boulier
算术	suànshù	arithmetic	arithmétique
随机	suíjī	random	aléatoire
随机变量	suíjī biànliàng	random variable	variable aléatoire
随着	suízhe	following	suivant
缩小	suōxiǎo	reduce	réduire
所对	suǒduì	corresponding to	correspondant à
所有	suǒyǒu	all	tous les
太阳	tàiyáng	the Sun	le Soleil
太阳系	tàiyángxì	Solar System	système solaire
特殊	tèshū	particular	particulier
特殊情况	tèshū qíngkuàng	case	cas
特征	tèzhēng	feature, characteristic	caractéristique
梯形	tīxíng	trapezoid, trapezium	trapèze
体积	tǐjī	volume	volume
体系	tǐxì	system	système
天干	tiāngān	celestial stem	tige céleste
天体	tiāntǐ	celestial body	corps céleste
天王星	tiānwángxīng	Uranus	Uranus
天文	tiānwén	astronomy	astronomie
条件	tiáojiàn	condition	condition
通分	tōng fēn	reduce to a common denominator	réduire au même dénominateur
通项公式	tōngxiàng gōngshì	general term	terme général
同	tóng	identical	identique
同类项	tónglèi xiàng	terms with the same exponent of a same variable	termes du même degré d'une même variable
同旁	tóngpáng	same side	même côté
同旁内角	tóngpáng nèi jiǎo	interior angles on the same side	angles internes du même côté
同旁外角	tóngpáng wài jiǎo	exterior angles on the same side	angles externes du même côté
同位角	tóngwèi jiǎo	corresponding angles	angles correspondants
统计	tǒngjì	statistics	statistiques

投掷	tóuzhì	to toss	lancer
透视图	tòushì tú	drawing in perspective	dessin en perspective
凸多边形	tū duōbiānxíng	convex polygon	polygone convexe
推导	tuīdǎo	to infer, to deduce	déduire
推理	tuīlǐ	to reason, inference	raisonner, raisonnement
推论	tuīlùn	to infer, to deduce	déduire
退	tuì	withdraw	retirer
椭圆	tuǒyuán	ellipse	ellipse
图像	túxiàng	graph	représentation graphique
图形	túxíng	geometric figure	figure géométrique
土星	tǔxīng	Saturn	Saturne
外	wài	outside	extérieur
外错角	wài cuò jiǎo	alternate exterior angles	angles alternes-externes
外侧	wàicè	outer side	côté extérieur
外角和	wàijiǎo hé	sum of exterior angles	somme des angles extérieurs
外接圆	wàijiēyuán	circumscribed circle	cercle circonscrit
外心	wàixīn	circumcenter	centre du cercle circonscrit
完全归纳法	wánquán guīnàfǎ	proof by cases	raisonnement par disjonction de cas
望月	wàngyuè	Full Moon	pleine lune
微分	wēifēn	differential calculus	dérivation, calcul différentiel
微分几何	wēifēn jǐhé	differential geometry	géométrie différentielle
微积分	wēijīfēn	differential and integral calculus	calcul différentiel et intégral
微小	wēixiǎo	tiny	minuscule
唯一	wéiyī	unique	unique
唯一量词	wéiyī liàngcí	uniqueness quantifier	quantificateur d'unicité
围成	wéichéng	to surround	entourer
围绕	wéirào	turn around, around	tourner autour de, autour de
围着	wéizhe	around	autour de
纬度	wěidù	latitude	latitude

纬线	wěixiàn	line of latitude (parallel)	parallèle (latitude)
尾数	wěishù	digits to the right of a given rank	chiffres à droite d'une position donnée
卫星	wèixīng	satellite	satellite
未知数	wèizhīshù	unknown	inconnue
位似变换	wèisì biànhuàn	homothetic transformation	homothétie
位移	wèiyí	displacement	déplacement
位元	wèiyuán	bit	bit
位置	wèizhi	position	position
位置关系	wèizhi guānxi	relative positions	positions relatives
位置制	wèizhi zhì	positional notation	notation positionnelle
温度	wēndù	temperature	température
文件	wénjiàn	document, file	document, fichier
问题	wèntí	topic, problem	sujet, problème
无界	wújiè	unbounded	non borné
无理数	wúlǐshù	irrational number	nombre irrationnel
无论	wúlùn	whatever	quelque soit
无限	wúxiàn	unlimited, unbounded	infini, illimité
误差	wùchā	approximation error	erreur d'approximation
误差	wùchā	error, difference	erreur, différence
物理量	wùlǐ liàng	physical quantity	grandeur physique
物质	wùzhì	matter	matière
系数	xìshù	coefficient	coefficient
下界	xià jiè	lower bound	minorant
下弦月	xià xián yuè	Third Quarter Moon, Waning Moon	dernier quartier de lune
下降	xiàjiàng	go down	descendre
夏历	xiàlì	traditional Chinese calendar	calendrier traditionnel chinois
夏天	xiàtiān	Summer	été
夏至	xiàzhì	Summer Solstice	solstice d'été
弦	xián	chord	corde
显示	xiǎnshì	display	afficher
线	xiàn	line	ligne

线段	xiànduàn	segment	segment
现象	xiànxiàng	phenomenon	phénomène
相等	xiāngděng	equal	égaux
相反地	xiāngfǎnde	conversely	inversement
相加	xiāngjiā	add	s'additionner
相减	xiāngjiǎn	subtract	se soustraire
相交	xiāngjiāo	secant	sécant
相邻角	xiānglín jiǎo	adjacent angles	angles adjacents
相切	xiāngqiē	tangent	tangent
相似变换	xiāngsì biànhuàn	similarity	similitude
相位	xiàngwèi	phase	phase
向量	xiàngliàng	vector	vecteur
项	xiàng	term	terme
项序数	xiàng xùshù	index of term	rang d'un terme
象	xiàng	image of an element	image
象限	xiàngxiàn	quadrant	quadrant
消去	xiāoqù	eliminate	éliminer
消元	xiāo yuán	eliminate an unknown	éliminer une inconnue
小时	xiǎoshí	hour	heure
小时	xiǎoshí	hour	heure
小数	xiǎoshù	decimal number	nombre décimal
小数部分	xiǎoshù bùfèn	decimal part	partie décimale
小数点	xiǎoshù diǎn	decimal mark	point séparateur décimal
小行星	xiǎoxíngxīng	asteroid	astéroïde
小于	xiǎoyú	smaller than	plus petit que
效果	xiàoguǒ	effect	effet
斜圆锥体	xié yuánzhuītǐ	non-right cone	cône oblique
斜柱体	xié zhùtǐ	non-right cylinder, non-right prism	cylindre oblique, prisme oblique
斜边	xiébiān	hypotenuse	hypoténuse
心算	xīnsuàn	mental calculation	calcul mental
信息	xìnxī	information	information
形状	xíngzhuàng	shape	forme
性质	xìngzhì	characteristic, property	caractéristique, propriété

虚部	xūbù	imaginary part	partie imaginaire
虚数单位	xūshù dānwèi	imaginary unit	unité imaginaire
虚轴	xūzhóu	imaginary axis	axe imaginaire
旋转	xuánzhuǎn	revolve, rotate	rotation, tourner
旋转体	xuánzhuǎntǐ	solid of revolution	solide de révolution
循环	xúnhuán	circulate, cycle	circuler, cycle
循环	xúnhuán	circulate, cycle	circuler, cycle
严格	yángé	strict	stricte
延长	yáncháng	extend	prolonger
沿着	yánzhe	along	en suivant
演绎	yǎnyì	deduction	déduction
阳历	yánglì	solar calendar	calendrier solaire
杨辉三角形	Yáng Huī sānjiǎoxíng	Yang Hui's triangle	triangle de Yang Hui
样本	yàngběn	sample (noun)	échantillon
腰	yāo	leg	côté qui n'est pas une base
也就是说	yě jiù shì shuō	in other words	c'est-à-dire
夜里	yèlǐ	night (by)	nuit (de)
一般	yībān	generally	en général
一般化	yībānhuà	generalization	généralisation
一半	yībàn	one half	un demi
一次函数	yīcì hánshù	linear function	fonction du premier degré, fonction affine
一定	yīdìng	definitely	forcément
一对多	yīduì duō	one-to-many	de un vers plusieurs
一对一	yīduìyī	one-to-one	biunivoque
一一对应	yīyī duìyìng	one-to-one correspondence	correspondance biunivoque
一元	yī yuán	with one unknown	à une inconnue
一元二次方程	yī yuán èr cì fāngchéng	quadratic equation	équation du second degré
仪器	yíqì	instrument	instrument
已知	yǐzhī	known	connu
意味着	yìwèizhe	mean, imply	signifier
因变量	yīnbiànliàng	bound variable	variable liée
因数	yīnshù	factor	facteur

因式分解	yīnshì fēnjiě	factorize	factoriser
因子	yīnzǐ	factor	facteur
阴历	yīnlì	lunar calendar	calendrier lunaire
阴阳历	yīnyánglì	lunisolar calendar	calendrier luni-solaire
英里	yīnglǐ	mile	mile
映射	yìngshè	map	application
硬币	yìngbì	coin	pièce de monnaie
硬件	yìngjiàn	hardware	matériel informatique
永远	yǒngyuǎn	always	toujours
用法	yòngfǎ	use	usage
由…组成	yóu … zǔchéng	formed of	composé de…
由…构成	yóu…gòuchéng	composed of	formé de…
有定义	yǒu dìngyì	be defined	être défini
有界	yǒu jiè	bounded	borné
有且只有	yǒu qiě zhǐ yǒu	there is one and only one	il y a un et un seul
有界性	yǒujièxìng	boundedness	propriété d'être borné
有理数	yǒulǐshù	rational number	nombre rationnel
有限	yǒuxiàn	finite	fini
余角	yújiǎo	complementary angles	angles complémentaires
余数	yúshù	remainder	reste
余弦	yúxián	cosine	cosinus
与	yǔ	and	et
元	yuán	monetary unit	unité monétaire
元素	yuánsù	element	élément
原点	yuándiǎn	origin	origine
原函数	yuán hánshù	antiderivative	primitive
原命题	yuán mìngtí	initial proposition	proposition initiale
原象	yuánxiàng	fiber, preimage	antécédent
圆	yuán	circle, disk	cercle, disque
圆规	yuánguī	compass	compas
原来	yuánlái	initially	initialement
圆盘	yuánpán	disk	disque

圆台	yuántái	conic frustum	tronc de cône
圆心	yuánxīn	center (circle, disk)	centre (cercle, disque)
圆心角	yuánxīn jiǎo	central angle	angle au centre
圆周	yuánzhōu	circle, circumference	cercle, circonférence
圆周角	yuánzhōu jiǎo	inscribed angle	angle inscrit
圆锥曲线	yuán zhuī qūxiàn	conic section	conique
圆锥体	yuánzhuītǐ	cone	cône
圆柱体	yuánzhùtǐ	circular cylinder	cylindre de révolution
约分	yuē fēn	reduce a fraction	réduire une fraction
约数	yuēshù	divisor	diviseur
月亮	yuèliang	Moon	Lune
月球	yuèqiú	Moon	Lune
月相	yuèxiāng	phases of the Moon	phases de la lune
运算	yùnsuàn	operation, perform	opération, effectuer
运算四则	yùnsuàn sì zé	perform the four arithmetic operations	effectuer les quatre opérations
蕴含	yùnhán	implication	implication
增大	zēngdà	grow	croître
增函数	zēnghánshù	increasing function	fonction croissante
增加	zēngjiā	Increase	augmenter
增减性	zēngjiǎnxìng	changes of monotonicity	variations
展开	zhǎnkāi	distribute (a product); unfold (a solid)	développer (un produit ; un solide)
展开图	zhǎnkāi tú	development graph	patron, développement
占	zhàn	account for	représenter
丈	zhàng	*zhàng* (length unit)	*zhàng* (unité de longueur)
折叠	zhédié	fold	plier
折线	zhéxiàn	polygonal chain	ligne brisée
这样	zhèyàng	this way	de la sorte
真	zhēn	true	vrai
真分数	zhēn fēnshù	proper fraction	fraction propre
振幅	zhènfú	amplitude	amplitude
正月	zhēngyuè	1st month of the Chinese calendar	1er mois du calendrier chinois

整数	zhěngshù	integer	nombre entier
整数部分	zhěngshù bùfen	integer part	partie entière
正	zhèng	regular	régulier
正比例	zhèng bǐlì	directly proportional	directement proportionnel
正方向	zhèng fāngxiàng	orientation	orientation
正比例函数	zhèngbǐlì hánshù	proportion	fonction linéaire
正方体	zhèngfāngtǐ	cube	cube
正方形	zhèngfāngxíng	square	carré
正切	zhèngqiē	tangent	tangente
正确	zhèngquè	exact	exact
正数	zhèngshù	positive number	nombre positif
正态分布	zhèngtài fēnbù	normal distribution	distribution normale
正弦	zhèngxián	sine	sinus
正弦曲线	zhèngxián qūxiàn	sinusoid	sinusoïde
正直棱锥体	zhèngzhí léngzhuītǐ	regular pyramid	pyramide régulière
证明	zhèngmíng	to prove, proof	démontrer, démonstration
直圆锥体	zhí yuánzhuītǐ	right cone	cône droit
直柱体	zhí zhùtǐ	right cylinder, right prism	cylindre droit, prisme droit
直角边	zhíjiǎobiān	leg, cathetus	côté de l'angle droit
直接	zhíjiē	directly	directement
直径	zhíjìng	diameter	diamètre
直角	zhíjiǎo	right angle	angle droit
直角三角形	zhíjiǎo sānjiǎoxíng	right triangle, right-angled triangle	triangle rectangle
直线	zhíxiàn	straight line	droite
值	zhí	value	valeur
值域	zhíyù	image (of the domain)	image de l'ensemble de définition
指令	zhǐlìng	command	instruction
指数	zhǐshù	exponent	exposant

指数函数	zhǐshù hánshù	exponential function	fonction exponentielle
至点	zhìdiǎn	solstice	solstice
至少	zhìshǎo	at least	au moins
质量	zhìliàng	mass	masse
质数	zhìshù	prime number	nombre premier
置换	zhìhuàn	permutate, permutation	permuter, permutation
置信区间	zhìxìn qūjiān	confidence interval	intervalle de confiance
中点	zhōngdiǎn	midpoint	milieu
中间	zhōngjiān	between	entre
中位数	zhōngwèishù	median	médiane
中线	zhōngxiàn	median	médiane
中心对称	zhōngxīn duìchèn	central symmetry	symétrie centrale
中心趋势	zhōngxīn qūshì	central tendency	tendance centrale
钟	zhōng	clock	horloge
众数	zhòngshù	mode	mode
重量	zhòngliàng	weight	poids
重心	zhòngxīn	centroid	centre de gravité
周	zhōu	circuit	tour
周	zhōu	week	semaine
周长	zhōucháng	perimeter	périmètre
周期	zhōuqī	period	période
周期函数	zhōuqī hánshù	periodic function	fonction périodique
周期数列	zhōuqī shùliè	periodic sequence	suite périodique
周期性	zhōuqīxìng	periodic, periodicity	périodique, périodicité
轴对称	zhóu duìchèn	axial symmetry	symétrie axiale
昼夜	zhòuyè	day and night	jour et nuit
昼夜评分点	zhòuyè píngfēn diǎn	equinox	équinoxe
转动	zhuǎndòng	to rotate, to turn	tourner
珠算	zhūsuàn	calculation with an abacus	calcul au boulier
珠子	zhūzi	bead	perle

柱体	zhùtǐ	cylinder, prism	cylindre, prisme
锥体	zhuītǐ	cone, pyramid	cône, pyramide
子集	zǐjí	subset	sous-ensemble
子午线	zǐwǔxiàn	meridian	méridien
字节	zìjié	byte	octet
字母	zìmǔ	letter	lettre
自西往东	zì xī wǎng dōng	from West to East	d'Ouest en Est
自变量	zìbiànliàng	free variable	variable libre
自然数	zìránshù	natural number	nombre naturel
自转	zìzhuàn	rotation	rotation
自转轴	zìzhuàn zhóu	axis of rotation	axe de rotation
总共	zǒnggòng	total	total
总数	zǒngshù	total number	effectif total
总体	zǒngtǐ	population	population
纵	zòng	perpendicular to the horizontal (in a plane)	perpendiculaire à l'horizontale (dans un plan)
纵轴	zòngzhóu	y-axis	axe des ordonnées
组成	zǔchéng	form	composer
组合	zǔhé	combination	combinaison
最大下界	zuì dà xiàjiè	greatest lower bound	borne inférieure
最简分数	zuì jiǎn fēnshù	irreducible fraction	fraction irréductible
最小上界	zuì xiǎo shàngjiè	least upper bound	borne supérieure
最大公因数	zuìdà gōngyīnshù	greatest common divisor	plus grand commun diviseur
最大公约数	zuìdà gōngyuēshù	greatest common divisor	plus grand commun diviseur
最大值	zuìdàzhí	global maximum	maximum global
最小公倍数	zuìxiǎo gōngbèishù	least common multiple	plus petit commun multiple
最小值	zuìxiǎozhí	global minimum	minimum global
最值	zuìzhí	global extremum	extremum global
作图	zuò tú	draw a draft	faire une figure
作为	zuòwéi	mean, imply	signifier
作用	zuòyòng	action, effect	action, effet
作用点	zuòyòng diǎn	point of application	point d'application

坐标	zuòbiāo	coordinate	coordonnée
坐标几何	zuòbiāo jǐhé	coordinate geometry	géométrie analytique
坐标系	zuòbiāoxì	coordinate system	repère (système de coordonnées)
坐标系	zuòbiāoxì	coordinate system	repère
左右	zuǒyòu	roughly	environ

18-2 English-Chinese

18-2 Anglais-chinois

18-2 英汉

English	中文	Pinyin
1st month of the Chinese calendar	正月	zhēngyuè
50 g (weight unit)	两	liǎng
500 g (weight unit)	斤	jīn
abacus	算盘	suànpán
about	关于	guānyú
absolute frequency	频数	pínshù
absolute value	绝对值	juéduì zhí
abstract	抽象	chōuxiàng
abstraction	抽象化	chōuxiànghuà
according to	按	àn
according to	按照	ànzhào
account for	占	zhàn
action, effect	作用	zuòyòng
acute angle	锐角	ruìjiǎo
acute triangle	锐角三角形	ruìjiǎo sānjiǎoxíng
add	相加	xiāngjiā
addition	加法	jiāfǎ
adjacent angles	相邻角	xiānglín jiǎo
adjacent side	邻边	línbiān
algebra	代数	dàishù
algebraic expression	代数式	dàishù shì
algorithm	算法	suànfǎ
all	所有	suǒyǒu
along	沿着	yánzhe
alternate exterior angles	外错角	wài cuò jiǎo
alternate interior angles	内错角	nèi cuò jiǎo
alternating sequence	交错数列	jiāocuò shùliè
always	永远	yǒngyuǎn
amplitude	振幅	zhènfú
analytic expression	解析式	jiěxīshì

analytic geometry	解析几何	jiěxījǐhé
and	与	yǔ
and, moreover	且	qiě
angle	角	jiǎo
angle (between two lines)	夹角	jiájiǎo
angle bisector	角平分线	jiǎopíngfēnxiàn
angular frequency	角频率	jiǎo pínlǜ
annulus	环形	huánxíng
answer	答案	dáàn
anticlockwise	逆时针方向	nì shízhēn fāngxiàng
antiderivative	原函数	yuán hánshù
any	任何	rènhé
any, chosen at will	任意	rènyì
approach (verb)	接近；趋近；趋于	jiējìn; qūjìn; qūyú
approximate value	近似值	jìnsì zhí
approximation error	误差	wùchā
Arab, Arabic	阿拉伯	ālābó
arc	弧	hú
are mutually	互为	hùwéi
area (branch, sector)	分支	fēnzhī
argument	辐角	fújiǎo
arithmetic	算术	suànshù
arithmetic progression	等差数列	děngchā shùliè
around	绕；围着	rào; wéizhe
arrange	排列	páiliè
arrow	箭头	jiàntou
associative property	结合律	jiéhé lǜ
asteroid	小行星	xiǎoxíngxīng
astronomy	天文	tiānwén
at least	至少	zhìshǎo
Autumn	秋天	qiūtiān
Autumn Equinox	秋分	qiūfēn
average	平均	píngjūn
axial symmetry	轴对称	zhóu duìchèn
axiom	公理	gōnglǐ
axis of rotation	自转轴	zìzhuàn zhóu
axis of symmetry	对称轴	duìchèn zhóu
ball	球体	qiútǐ

bar	档	dàng
base	底	dǐ
base (number)	底数	dǐshù
base (side)	底边	dǐbiān
base (surface)	底面	dǐmiàn
be called	叫做	jiàozuò
be coincident, coincide	重合	chónghé
be complementary	互余	hùyú
be defined	有定义	yǒu dìngyì
be known as	称为	chēngwéi
be proportional	成比例	chéng bǐlì
be supplementary	互补	hùbǔ
be true	成立	chénglì
be written	记作	jìzuò
bead	珠子	zhūzi
beam	梁	liáng
bear, carry	带	dài
Before common era	公元前	gōngyuánqián
belong to	属于	shǔyú
below zero	零下	língxià
Bernoulli	伯努利	Bónǔlì
Bernoulli distribution	伯努利分布	Bónǔlì fēnbù
between	中间	zhōngjiān
bidimensional	二维	èrwéi
bigger than	大于	dàyú
bijective function	双射	shuāngshè
binary notation	二进制	èrjìnzhì
binomial coefficient	二项系数	èrxiàng xìshù
binomial distribution	二项分布	èrxiàng fēnbù
bit	位元	wèiyuán
both sides	两侧	liǎng cè
both sides	两边	liǎngbiān
bound variable	因变量	yīnbiànliàng
boundary	边界	biānjiè
bounded	有界	yǒu jiè
boundedness	有界性	yǒujièxìng
bracket	括号	kuòhào
break	破	pò
byte	字节	zìjié

calculation with an abacus	珠算	zhūsuàn
calculation with counting rods	筹算	chóusuàn
calendar	日历	rìlì
calendar system	历法	lìfǎ
capacity	容积	róngjī
cardinal	基数	jīshù
case	特殊情况	tèshū qíngkuàng
cathetus	直角边	zhíjiǎobiān
caught between	夹在	jiāzài
cause; make	使；使得	shǐ; shǐde
celestial body	天体	tiāntǐ
celestial stem	天干	tiāngān
cell	单元格	dānyuán gé
center (circle, disk)	圆心	yuánxīn
center of symmetry	对称中心	duìchèn zhōngxīn
central angle	圆心角	yuánxīn jiǎo
central symmetry	中心对称	zhōngxīn duìchèn
central tendency	中心趋势	zhōngxīn qūshì
centroid	重心	zhòngxīn
century	世纪	shìjì
change	变；变化；改变	biàn; biànhuà; gǎibiàn
changes of monotonicity	增减性	zēngjiǎnxìng
characteristic, property	性质	xìngzhì
chǐ (length unit)	尺	chǐ
chord	弦	xián
circle, circumference	圆周	yuánzhōu
circle, disk	圆；圈	yuán; quān
circuit	周	zhōu
circular cylinder	圆柱体	yuánzhùtǐ
circular sector	扇形	shànxíng
circulate, cycle	循环	xúnhuán
circumcenter	外心	wàixīn
circumscribed circle	外接圆	wàijiēyuán
class	阶段	jiēduàn
classification	分类	fēnlèi
classifier	量词	liàngcí
clock	钟	zhōng
clockwise	顺时针方向	shùn shízhēn fāngxiàng

closed figure	闭图	bìtú
closed interval	闭区间	bì qūjiān
codomain	陪域	péiyù
coefficient	系数	xìshù
coin	硬币	yìngbì
collinear	共线	gòngxiàn
column	列	liè
combination	组合	zǔhé
comet	彗星	huìxīng
command	指令	zhǐlìng
common	公共	gōnggòng
common difference	公差	gōngchā
common divisor	公约数	gōngyuēshù
Common era	公元	gōngyuán
common factor	公因数	gōngyīnshù
common multiple	公倍数	gōngbèishù
common ratio	公比	gōngbǐ
commutative property	交换律	jiāohuàn lǜ
compare	比较	bǐjiào
compass	圆规	yuánguī
complementary	对立	duìlì
complementary angles	余角	yújiǎo
complex number	复数	fùshù
complex plane	复平面	fù píngmiàn
component	零件	língjiàn
composed of	由…构成	yóu…gòuchéng
composition	复合	fùhé
compute, reckon	计算	jìsuàn
computer	电脑；计算机	diànnǎo; jìsuànjī
concave polygon	凹多边形	āo duōbiānxíng
concept	概念	gàiniàn
condition	条件	tiáojiàn
cone	圆锥体	yuánzhuītǐ
cone, pyramid	锥体	zhuītǐ
confidence interval	置信区间	zhìxìn qūjiān
conic frustum	圆台	yuántái
conic section	圆锥曲线	yuán zhuī qūxiàn
conjecture	猜想	cāixiǎng
consecutive	连续	liánxù

English	Chinese	Pinyin
consequence	结论	jiélùn
constant	不变	búbiàn
constant quantity	常数	chángshù
constant sequence	常数列	chángshùliè
contain	含；包含	hán; bāohán
contained in	含于；包含于	hányú; bāohányú
continuity	连续性	liánxùxìng
continuous	连续型	liánxùxíng
continuous function	连续函数	liánxù hánshù
contract (to shrink)	收缩	shōusuō
contrapositive proposition	逆否命题	nìfǒu mìngtí
converge to	收敛于	shōuliǎn yú
convergence	敛散性	liǎnsànxìng
convergent sequence	收敛数列	shōuliǎn shùliè
converse theorem	逆定理	nì dìnglǐ
conversely	相反地	xiāngfǎnde
conversion	换算	huànsuàn
convex polygon	凸多边形	tū duōbiānxíng
convexity	凹凸性	āotūxìng
coordinate	坐标	zuòbiāo
coordinate geometry	坐标几何	zuòbiāo jǐhé
coordinate system	坐标系	zuòbiāoxì
coplanar	共面	gòngmiàn
correspond	对应	duìyìng
corresponding angles	同位角	tóngwèi jiǎo
corresponding to	所对	suǒduì
cosine	余弦	yúxián
count (verb)	数	shǔ
counterclockwise	逆时针方向	nì shízhēn fāngxiàng
counterexample	反例	fǎnlì
counting rods	算筹	suànchóu
cube (geometric solid)	正方体；立方体	zhèngfāngtǐ; lìfāngtǐ
cube (power two)	立方	lìfāng
cuboid	长方体	chángfāngtǐ
cumulative frequency	累积频率	lěijī pínlǜ
cùn (length unit)	寸	cùn
curve	曲线	qūxiàn
curved surface	曲面	qūmiàn

cut (surface)	截	jié
cut, divide	分割；划分	fēngē; huàfēn
cylinder, prism	柱体	zhùtǐ
dàn (capacity unit)	石	dàn
data	数据	shùjù
day and night	昼夜	zhòuyè
daytime	白天	báitiān
decimal mark	小数点	xiǎoshù diǎn
decimal notation	十进制	shíjìnzhì
decimal number	小数	xiǎoshù
decimal part	小数部分；零头	xiǎoshù bùfèn; língtóu
decompose	分解	fēnjiě
decrease	减少	jiǎnshǎo
decrease (sequence)	递减	dìjiǎn
decreasing function	减函数	jiǎnhánshù
decreasing sequence	递减数列	dìjiǎn shùliè
deduce; infer		
deduction	演绎	yǎnyì
definitely	一定	yīdìng
definition	定义	dìngyì
degree	度	dù
degree (exponent)	次数	cìshù
degree, level	程度	chéngdù
denominator	分母	fēnmǔ
density	密度	mìdù
derivative	导数	dǎoshù
describe	描述	miáoshù
development graph	展开图	zhǎnkāi tú
diagonal	对角线	duìjiǎoxiàn
diameter	直径	zhíjìng
difference	差	chā
different	异	yì
differentiability	可导性	kědǎoxìng
differentiable function	可导函数	kědǎo hánshù
differential and integral calculus	微积分	wēijīfēn
differential calculus	微分	wēifēn
differential geometry	微分几何	wēifēn jǐhé
differentiate	求导	qiúdǎo

digit	数字	shùzì
digits to the right of a given rank	尾数	wěishù
direction, incline	趋向	qūxiàng
direction, orientation	方向	fāngxiàng
directly	直接	zhíjiē
directly proportional	正比例	zhèng bǐlì
discard	舍去	shěqù
discriminant	判别式	pànbiéshì
disk	圆盘	yuánpán
dispersion	离散	lísàn
displacement	位移	wèiyí
display	显示	xiǎnshì
distance	距离	jùlí
distribute	分配	fēnpèi
distribute (a product)	展开	zhǎnkāi
distribution	分布	fēnbù
distributive property	分配律	fēnpèi lǜ
divergent sequence	发散数列	fāsàn shùliè
divide into equal parts	平分	píngfēn
divided by	除以	chú yǐ
dividend	被除数	bèi chú shù
division	除法	chúfǎ
division sign	除号	chúhào
divisor	除数	chúshù
divisor	约数	yuēshù
do, perform	进行	jìnxíng
document, file	文件	wénjiàn
dodecahedron	十二面体	shíèrmiàntǐ
domain (of a function)	定义域	dìngyì yù
domain, range	范围	fànwéi
dot product	点积	diǎnjī
dǒu (capacity unit)	斗	dǒu
double helix	双股螺旋	shuānggǔ luóxuán
double-entry	双重	shuāngchóng
draw a draft	作图	zuò tú
drawing in perspective	透视图	tòushì tú
duodecimal system	十二进制	shíèr jìnzhì
dynamic	动态	dòngtài
Earth	地球	dìqiú

338

earthly branch	地支	dìzhī
ecliptic plane	黄道面	huángdào miàn
edge	棱	léng
effect	效果	xiàoguǒ
element	元素	yuánsù
elementary event, outcome	基本事件	jīběn shìjiàn
eliminate	消去	xiāoqù
eliminate an unknown	消元	xiāo yuán
eliminate the denominators	去分母	qù fēnmǔ
eliminate the parentheses	去括号	qù kuòhào
ellipse	椭圆	tuǒyuán
empty position	空位	kōngwèi
empty set	空集	kōngjí
end	尽 jìn	jìn
end point	端点	duāndiǎn
enlarge	放大	fàngdà
equal	相等	xiāngděng
equal to	等于	děngyú
equality	等式	děngshì
equals sign	等号	děnghào
equation	方程	fāngchéng
equation of unknown x	关于 x 的方程	guānyú x de fāngchéng
equator	赤道	chìdào
equilateral triangle	等边三角形	děngbiān sānjiǎoxíng
equinox	昼夜评分点	zhòuyè píngfēn diǎn
error, difference	误差	wùchā
establish	建立	jiànlì
estimate	估计	gūjì
Euler	欧拉	Ōulā
Euler line	欧拉线	Ōulā xiàn
Euler's number	欧拉数	Ōulā shù
even function	偶函数	jī hánshù
even number	偶数	ǒushù
event	事件	shìjiàn
exact	正确	zhèngquè
exact value	精确值	jīngquè zhí
example	例子	lìzi
exchange	交换	jiāohuàn
exist	存在	cúnzài

English	Chinese	Pinyin
existential quantifier	存在量词	cúnzài liàngcí
expand	扩展	kuòzhǎn
expected value	期望值	qīwàng zhí
experiment	试验	shìyàn
exponent	指数	zhǐshù
exponential function	指数函数	zhǐshù hánshù
exponentiation	乘方	chéngfāng
express	表达	biǎodá
expression	表达式	biǎodáshì
extend	延长	yáncháng
exterior angles on the same side	同旁外角	tóngpáng wài jiǎo
extract	抽取	chōuqǔ
extract the cube root	开立方	kāi lìfāng
extract the square root	开平方	kāi píngfāng
extreme value theorem	极值定理	jízhí dìnglǐ
factor (number)	因数；因子	yīnshù; yīnzǐ
factorial	阶乘	jiēchéng
factorize	公因数因式分解；因式分解	gōngyīnshù yīnshì fēnjiě; yīnshì fēnjiě
failure	失败	shībài
Fall	秋天	qiūtiān
false	假	jiǎ
feature, characteristic	特征	tèzhēng
fiber, preimage	原象	yuánxiàng
finite	有限	yǒuxiàn
first and last (points)	首尾	shǒuwěi
first meridian	本初子午线	běnchūzǐwǔxiàn
First Quarter Moon	上弦月	shàngxián yuè
first term	首项	shǒuxiàng
fixed point	定点	dìngdiǎn
fixed, set	确定	quèdìng
flat	扁	biǎn
flattening	扁率	biǎnlǜ
fluctuate, fluctuation	波动	bōdòng
fold	折叠；对折	zhédié; duìzhé
following	随着	suízhe
for instance	比如	bǐrú
for, regarding	对于	duìyú
force	力	lì

form	组成	zǔchéng
formed of	由…组成	yóu … zǔchéng
formula	公式；式子	gōngshì; shìzi
four arithmetic operations	四则运算	sì zé yùnsuàn
Four seasons	四季	sìjì
fraction	分数	fēnshù
free variable	自变量	zìbiànliàng
from West to East	自西往东	zì xī wǎng dōng
Full Moon	望月	wàngyuè
function	函数	hánshù
gas	气体	qìtǐ
Gauss	高斯	Gāosī
general term	通项公式	tōngxiàng gōngshì
generalization	一般化	yìbānhuà
generally	一般	yìbān
geometric figure	图形	túxíng
geometric progression	等比数列	děngbǐshùliè
geometry	几何	jǐhé
global	全局	quánjú
global extremum	最值	zuìzhí
global maximum	最大值	zuìdàzhí
global minimum	最小值	zuìxiǎozhí
go down	下降	xiàjiàng
go up	上升	shàngshēng
gōngqǐng (area unit)	公顷	gōngqǐng
gram	克	kè
graph	图像	túxiàng
great circle	大圆	dà yuán
greatest common divisor	最大公因数	zuìdà gōngyīnshù
greatest lower bound	最大下界	zuì dà xiàjiè
Greenwich	格林威治	Gélínwēizhì
Gregorian calendar	公历	gōnglì
grow	增大	zēngdà
grow (sequence)	递增	dìzēng
half circle	半圆	bànyuán
half line	射线	shèxiàn
hardware	硬件	yìngjiàn
have, possess	具有	jùyǒu
height, altitude	高	gāo

helix	螺旋	luóxuán
hexahedron	六面体	liùmiàntǐ
histogram	频数分布直方图	pínshù fēnbù zhífāngtú
hold	容纳	róngnà
homothetic transformation	位似变换	wèisì biànhuàn
horizontal (in space or a plane)	横	héng
hour	小时	xiǎoshí
how	如何	rúhé
hundredth of monetary unit	分	fēn
hundredths digit position	百分位	bǎifēnwèi
hyperbola	双曲线	shuāngqūxiàn
hypotenuse	斜边	xiébiān
hypothesis, conjecture	假设	jiǎshè
icosahedron	二十面体	èrshímiàntǐ
identical	同	tóng
identity (equality)	恒等式	héng děngshì
identity (transformation)	恒同变换	héngtóng biànhuàn
if	如果	rúguǒ
if and only if	当且仅当	dāngqiějǐndāng
if not	否则	fǒuzé
if…, then…	若…，则…	ruò …, zé …
image (of the domain)	值域	zhíyù
image of an element	象	xiàng
imaginary axis	虚轴	xūzhóu
imaginary number	纯虚数	chún xūshù
imaginary part	虚部	xūbù
imaginary unit	虚数单位	xūshù dānwèi
implication	蕴含	yùnhán
impossible event	不可能事件	bùkěnéng shìjiàn
improper fraction	假分数	jiǎ fēnshù
in other words	也就是说	yě jiù shì shuō
incenter	内心	nèixīn
include	包括	bāokuò
incompatible, mutually exclusive	不相容	bùxiāngróng
increase	增加	zēngjiā
increasing function	增函数	zēnghánshù
increasing sequence	递增数列	dìzēng shùliè
indefinite integral	不定积分	bùdìng jīfēn

English	中文	Pinyin
independent event	独立事件	dúlì shìjiàn
index of term	项序数	xiàng xùshù
induction; infer from facts	归纳	guīnà
inequality	不等式	bùděngshì
infer from facts; induction	归纳	guīnà
infer; deduce	推导;推论;推理	tuīdǎo; tuīlùn; tuīlǐ
inflexion point	拐点	guǎi diǎn
information	信息	xìnxī
initial phase	初相	chūxiàng
initial proposition	原命题	yuán mìngtí
initial value	初值	chū zhí
initially	原来	yuánlái
injective function	单射	dānshè
input	输入	shūrù
inscribed angle	圆周角	yuánzhōu jiǎo
inscribed circle	内切圆	nèiqiēyuán
inside	内	nèi
instrument	仪器	yíqì
integer	整数	zhěngshù
integer part	整数部分	zhěngshù bùfen
integral	定积分	dìng jīfēn
integral, integration, integrate,	积分	jīfēn
intercalary month, leap month	闰月	rùnyuè
interior	内部	nèibù
interior angles on the same side	同旁内角	tóngpáng nèi jiǎo
intermediate value theorem	介值定理	jièzhí dìnglǐ
international	国际	guójì
interquartile range	四分位距	sìfēnwèijù
intersecting line	截线	jiéxiàn
intersection	交	jiāo
intersection set	交集	jiāojí
interval	区间	qūjiān
inverse	倒数	dàoshù
inverse function	反函数	fǎnhánshù
inversely proportional	反比例	fǎnbǐlì
irrational number	无理数	wúlǐshù
irreducible fraction	最简分数	zuì jiǎn fēnshù
isosceles triangle	等腰三角形	děngyāo sānjiǎoxíng

join	连接	liánjiē
Jupiter	木星	mùxīng
kilogram	公斤；千克	gōngjīn; qiānkè
kilometer	公里	gōnglǐ
km/h	公里每小时；千米每小时	gōnglǐ měi xiǎoshí; qiānmǐ měi xiǎoshí
known	已知	yǐzhī
language	语言	yǔyán
last month of the Chinese calendar	腊月	làyuè
lateral face	侧面	cèmiàn
latitude	纬度	wěidù
law (rule)	律；法则；规则	lǜ; fǎzé; guīzé
leap year	闰年	rùnnián
least common multiple	最小公倍数	zuìxiǎo gōngbèishù
least upper bound	最小上界	zuì xiǎo shàngjiè
leg	腰	yāo
leg (cathetus)	直角边	zhíjiǎobiān
length	长度	chángdù
length unit	单位长度	dānwèi chángdù
letter	字母	zìmǔ
lǐ (length unit)	里	lǐ
light-year	光年	guāngnián
limit	极限	jíxiàn
limit (bound)	界限	jièxiàn
line	线	xiàn
line connecting (two points)	连线	liánxiàn
line of latitude (parallel)	纬线	wěixiàn
linear function	一次函数	yīcì hánshù
linear in two variables	二元一次	èr yuán yīcì
list	列表	lièbiǎo
liter	升	shēng
local	局部	júbù
local extremum	极值 jízhí	jízhí
local extremum point	极值点	jízhídiǎn
local maximum	极大值	jídàzhí
local minimum	极小值	jíxiǎozhí
localization	定位	dìngwèi
location	处	chù

logarithmic function	对数函数	duìshù hánshù
logic	逻辑	luóji
longitude	经度	jīngdù
longitude and latitude	经纬度	jīngwěi dù
lower bound	下界	xià jiè
lunar calendar	阴历	yīnlì
lunisolar calendar	阴阳历	yīnyánglì
make a decision-making, decision-making	决策	juécè
make; cause	使；使得	shǐ; shǐde
map	映射	yìngshè
Mars	火星	huǒxīng
mass	质量	zhìliàng
mathematical analysis	数学分析	shùxué fēnxī
mathematical induction	数学归纳法	shùxué guīnàfǎ
mathematics	数学	shùxué
matter	物质	wùzhì
mean	平均数	píngjūnshù
mean, imply	意味着	yìwèizhe
mean, imply	作为	zuòwéi
measure	量	liáng
measure of an angle	角度	jiǎodù
measurement	测量	cèliáng
median (number)	中位数	zhōngwèishù
median (line)	中线	zhōngxiàn
mental calculation	心算	xīnsuàn
Mercury	水星	shuǐxīng
meridian (longitude line)	经线	jīng xiàn
meridian (of a given place)	子午线	zǐwǔxiàn
meter	米	mǐ
method	方法	fāngfǎ
method by substitution	代入法	dàirù fǎ
method of linear combination	加减法	jiājiǎn fǎ
midpoint	中点	zhōngdiǎn
mile	英里	yīnglǐ
mile/h or km/h	迈	mài
minus sign	负号	fùhào
minus sign	减号	jiǎnhào
minute	分	fēn
mixed number	带分数	dài fēnshù

mnemonic, verbal routine	口诀	kǒujué
Möbius strip	莫比乌斯带	Mòbǐwūsī dài
mode	众数	zhòngshù
model (object)	模型	móxíng
model (process), modeling	建模	jiàn mó
monetary unit	元；块	yuán; kuài
monotonic, monotone	单调	dāndiào
monotonicity	单调性	dāndiàoxìng
Moon	月亮；月球	yuèliang; yuèqiú
more over	而且	érqiě
move terms	移项	yí xiàng
mǔ (area unit)	亩	mǔ
multiple	倍数	bèishù
multiplication	乘法	chéngfǎ
multiplication sign	乘号	chènghào
multiplication table	九九口诀	jiǔ jiǔ kǒujué
multiplicative inverse	反比例函数	fǎnbǐlì hánshù
multiply numerator and denominator by the same integer	扩分	kuò fēn
mutually	互相	hùxiāng
mutually exclusive event	互斥事件	hùchì shìjiàn
nanotechnology	纳米科技	nàmǐ kējì
natural number	自然数	zìránshù
nautical mile	海里	hǎilǐ
near	靠近	kàojìn
necessary condition	必要条件	bìyào tiáojiàn
negate; negation	否定	fǒudìng
negation (proposition)	否命题	fǒu mìngtí
negative number	负数	fùshù
neighborhood	邻域	línyù
Neptune	海王星	hǎiwángxīng
New Moon	朔月	shuòyuè
Newton	牛顿	Niúdùn
night	黑夜	hēiyè
night (by)	夜里	yèlǐ
non-	非	fēi
nonempty	非空	fēi kōng
non-right cone	斜圆锥体	xié yuánzhuītǐ

English	Chinese	Pinyin
non-right cylinder, non-right prism	斜柱体	xié zhùtǐ
nonzero	非零	fēi líng
norm	范数；模	fànshù; mó
normal distribution	正态分布	zhèngtài fēnbù
North Pole	北极	běijí
Northern Hemisphere	北半球	běibànqiú
notation	记法	jìfǎ
number	号码	hàomǎ
number (quantity)	数	shù
number of times	次数	cìshù
numeral notation	记数	jìshù
numerator	分子	fēnzǐ
object	对象	duìxiàng
obtuse angle	钝角	dùnjiǎo
obtuse triangle	钝角三角形	dùnjiǎo sānjiǎoxíng
octahedron	八面体	bāmiàntǐ
odd function	奇函数	jī hánshù
odd number	奇数	jīshù
offset	偏距	piānjù
one half	一半	yībàn
one-to-many	一对多	yīduì duō
one-to-one	一对一	yīduìyī
one-to-one correspondence	一一对应；双射	yīyī duìyìng; shuāngshè
open figure	开图	kāitú
open interval	开区间	kāi qūjiān
operation, perform	运算	yùnsuàn
opposite operations	逆运算	nì yùnsuàn
opposite side	对边	duìbiān
or	或	huò
orbit	轨道	guǐdào
orbital revolution	公转	gōngzhuàn
order	次序	cìxù
orientation	倾向	qīngxiàng
orientation (direct)	正方向	zhèng fāngxiàng
origin	原点	yuándiǎn
orthocenter	垂心	chuíxīn
oscillating sequence	摆动数列	bǎidòng shùliè
other (the)	另一	lìngyī

outer side	外侧	wàicè
output	输出	shūchū
outside	外	wài
parabola	抛物线	pāowùxiàn
parallel	平行	píngxíng
parallelogram	平行四边形	píngxíng sìbiānxíng
parity	奇偶性	jīǒuxìng
part	部分	bùfēn
particular	特殊	tèshū
Pascal's triangle	帕斯卡三角形	Pàsīkǎ sānjiǎoxíng
pass through	过	guò
pass to higher position	进位	jìn wèi
percentage	百分比	bǎifēnbǐ
perform the four arithmetic operations	运算四则	yùnsuàn sì zé
perimeter	周长	zhōucháng
period	周期	zhōuqī
periodic function	周期函数	zhōuqī hánshù
periodic sequence	周期数列	zhōuqī shùliè
periodic, periodicity	周期性	zhōuqīxìng
permutate, permutation	置换	zhìhuàn
perpendicular	垂直	chuízhí
perpendicular bisector	垂直平分线	chuízhí píngfēn xiàn
perpendicular to the horizontal (in a plane)	纵	zòng
phase	相位	xiàngwèi
phases of the Moon	月相	yuèxiāng
phenomenon	现象	xiànxiàng
physical quantity	物理量	wùlǐ liàng
pie chart	扇形图	shànxíngtú
place of a digit	数位	shùwèi
plane geometry	平面几何	píngmiàn jǐhé
plane surface, plane	平面	píngmiàn
planet	行星	xíngxīng
plus sign	加号	jiāhào
Pluto	冥王星	míngwángxīng
point	点	diǎn
point of application	作用点	zuòyòng diǎn
point of intersection	交点	jiāodiǎn
point of tangency	切点	qiēdiǎn

polygon	多边形	duōbiānxíng
polygonal chain	折线	zhéxiàn
polyhedron	多面体	duōmiàntǐ
polynomial	多项式	duōxiàngshì
population (whole)	总体	zǒngtǐ
position	位置	wèizhi
positional notation	位置制	wèizhi zhì
positive number	正数	zhèngshù
power function	幂函数	mì hánshù
prefix	词头	cítóu
price	价格	jiàgé
prime number	质数	zhìshù
prism	棱柱体	léngzhùtǐ
probability	概率	gàilǜ
probability density function	概率密度函数	gàilǜ mìdù hánshù
probability distribution	概率分布	gàilǜ fēnbù
probability, odds	几率	jīlǜ
problem	问题	wèntí
process	过程	guòchéng
product	乘积；积；积数	chéngjī; jī; jīshù
program	程序	chéngxù
projection	射影	shèyǐng
proof by cases	穷举法；完全归纳法	qióng jǔ fǎ; wánquán guīnàfǎ
proof by contradiction	反证法；归谬法	fǎn zhèng fǎ; guī miù fǎ
proof by contrapositive	换质位法	huàn zhì wèi fǎ
proof; prove	证明	zhèngmíng
proper fraction	真分数	zhēn fēnshù
proportion	正比例函数	zhèngbǐlì hánshù
proposition	命题	mìngtí
protractor	量角器	liángjiǎoqì
prove that	求证	qiúzhèng
prove; proof	证明	zhèngmíng
pure	纯	chún
pyramid	棱锥体	léngzhuītǐ
pyramidal frustum	棱台	léngtái
Pythagoras	毕达哥拉斯	Bìdágēlāsī

English	Chinese	Pinyin
Pythagoras' theorem	勾股定理	gōugǔ dìnglǐ
quadrant	象限	xiàngxiàn
quadratic equation	一元二次方程	yī yuán èr cì fāngchéng
quadratic function	二次函数	èrcì hánshù
quadrilateral	四边形	sìbiānxíng
quantity	量；数量	liàng; shùliàng
quartile	四位数	sìwèishù
quotient	商	shāng
radical sign	根号	gēnhào
radius	半径	bànjìng
random	随机	suíjī
random variable	随机变量	suíjī biànliàng
range	极差	jíchā
rate, ratio	率	lǜ
ratio, scale factor	比	bǐ
rational number	有理数	yǒulǐshù
ray	射线	shèxiàn
reach	取得	qǔdé
read	读	dú
reading (pronunciation)	读法	dúfǎ
real axis	实轴	shízhóu
real number	实数	shíshù
real number line	实数轴	shíshù zhóu
real part	实部	shíbù
real root	实根	shígēn
reciprocal proposition	逆命题	nì mìngtí
rectangle	长方形；矩形	chángfāngxíng; jǔxíng
recursive relation	递推公式	dìtuī gōngshì
reduce	缩小	suōxiǎo
reduce a fraction	约分	yuē fēn
reduce to a common denominator	通分	tōng fēn
refer to	是指	shì zhǐ
regroup (terms)	合并	hébìng
regular	正	zhèng
regular pyramid	正直棱锥体	zhèngzhí léngzhuītǐ
relation	关系	guānxi
relative frequency	频率	pínlǜ
relative positions	位置关系	wèizhi guānxi
remainder	余数	yúshù

repeat	重复	chóngfù
respectively	分别	fēnbié
result	结果	jiéguǒ
return	还	huán
reversely	反之	fǎnzhī
revolve, rotation	旋转	xuánzhuǎn
rhombus	菱形	língxíng
right angle	直角	zhíjiǎo
right cone	直圆锥体	zhí yuánzhuītǐ
right cylinder, right prism	直柱体	zhí zhùtǐ
right triangle, right-angled triangle	直角三角形	zhíjiǎo sānjiǎoxíng
rod	棍子	gùnzi
root (of an equation)	根	gēn
rotate, rotation	自转	zìzhuàn
rotate, to turn	转动	zhuǎndòng
roughly	左右	zuǒyòu
round down	不足	bùzú
round up	过剩	guòshèng
rounding to nearest	四舍五入法	sì shě wǔ rù fǎ
rounding up	进一法	jìn yī fǎ
row	行	háng
rule (law)	律；法则；规则	lǜ; fǎzé; guīzé
ruler	尺子	chǐzi
same side	同旁	tóngpáng
sample (result of the sampling process)	样本	yàngběn
sample (process), sampling	抽样	chōuyàng
satellite	卫星	wèixīng
satisfy	满足	mǎnzú
Saturn	土星	tǔxīng
scalar product	数量积	shùliàng jī
scalene triangle	不等边三角形	bùděngbiān sānjiǎoxíng
season	季节	jìjié
secant	相交	xiāngjiāo
second	秒	miǎo
second degree	二次	èr cì
second derivative	二阶导数	èrjiē dǎoshù
seek, request	求	qiú

segment	线段	xiànduàn
separate, part	分割	fēngē
sequence	顺序	shùnxù
series of numbers	数列	shùliè
set (verb)	设	shè
set (of elements)	集合	jíhé
set of data	数据组	shùjù zǔ
set of numbers	数集	shùjí
set square	三角尺	sānjiǎochǐ
Seven Luminaries	七曜	qī yào
sexagesimal notation	六十进制	liùshíjìnzhì
shape	形状	xíngzhuàng
share into	分成	fēnchéng
similarity	相似变换	xiāngsì biànhuàn
simplify	化简	huàjiǎn
simulate	模拟	mónǐ
sine	正弦	zhèngxián
sinusoid	正弦曲线	zhèngxián qūxiàn
sixty term cycle	甲子	jiǎzǐ
size, magnitude	大小	dàxiǎo
slope	变化率	biànhuà lǜ
smaller than	小于	xiǎoyú
software	软件	ruǎnjiàn
solar calendar	阳历	yánglì
Solar System	太阳系	tàiyángxì
solar term	节气	jiéqi
solar year	回归年	huíguī nián
solid geometry	立体几何	lìtǐ jǐhé
solid of revolution	旋转体	xuánzhuǎntǐ
solstice	至点	zhìdiǎn
solution (of an equation)	解；根	jiě; gēn
solve (an equation)	解	jiě
some, certain	某	mǒu
South Pole	南极	nánjí
Southern Hemisphere	南半球	nánbànqiú
space	空间	kōngjiān
space geometry	空间几何	kōngjiān jǐhé
speed	速度	sùdù
sphere	球面	qiúmiàn

sphere, ball	球	qiú
spiral	螺线	luóxiàn
split ... into	把...分成	bǎ ... fēnchéng
spreadsheet	试算表	shìsuànbiǎo
spreadsheet software	电子表格	diànzǐ biǎogé
Spring	春天	chūntiān
Spring Equinox	春分	chūnfēn
square (geometric figure)	正方形	zhèngfāngxíng
square (power two)	平方	píngfāng
stand for, express	表示	biǎoshì
standard deviation	标准差	biāozhǔnchā
star	恒星	héngxīng
statistics	统计	tǒngjì
step	步骤	bùzhòu
stipulate	规定	guīdìng
straight angle	平角	píngjiǎo
straight line	直线	zhíxiàn
strict	严格	yángé
subset	子集	zǐjí
substitute	代入	dàirù
subtract	相减	xiāngjiǎn
subtraction	减法	jiǎnfǎ
success	成功	chénggōng
sufficient condition	充分条件	chōngfèn tiáojiàn
sum	和	hé
sum of exterior angles	外角和	wàijiǎo hé
sum of interior angles	内角和	nèijiǎo hé
Summer	夏天	xiàtiān
Summer Solstice	夏至	xiàzhì
Sun	太阳	tàiyáng
sunlight	日光	rìguāng
sunrise	日出	rìchū
sunset	日落	rìluò
supplementary angles	补角	bǔjiǎo
sure event	确定事件	quèdìng shìjiàn
surface	表面	biǎomiàn
surface area	面积	miànjī
surface (geometric object), face	面	miàn

surjective function, surjection, onto function	满射	mǎnshè
surround	围成	wéichéng
symbol	符号	fúhào
symmetry (axial)	轴对称	zhóu duìchèn
symmetry (property)	对称性	duìchènxìng
symmetry (transformation), symmetric	对称	duìchèn
system	体系	tǐxì
system of equations	方程组	fāngchéngzǔ
table	表格	biǎogé
take a value	取值	qǔ zhí
take the root	开方	kāi fāng
tangent (position)	相切	xiāngqiē
tangent (trigonometric function)	正切	zhèngqiē
tangent line	切线	qiēxiàn
temperature	温度	wēndù
tens digit place	十位	shíwèi
tenth of monetary unit	角	jiǎo
tenth of monetary unit	毛	máo
tenths digit place	十分位	shífēnwèi
term	项	xiàng
terms with the same exponent of a same variable	同类项	tónglèi xiàng
tetrahedron	四面体	sìmiàntǐ
that is	即	jí
then	那么	nàme
theorem	定理	dìnglǐ
there is one and only one	有且只有	yǒu qiě zhǐ yǒu
Third Quarter Moon, Waning Moon	下弦月	xià xián yuè
this way	这样	zhèyàng
three-digit number	三位数	sānwèishù
three-dimensional	立体；三维	lìtǐ; sānwéi
time	时间	shíjiān
tiny	微小	wēixiǎo
ton	吨	dūn
topic	问题	wèntí
torus	环面	huánmiàn
toss	投掷	tóuzhì

total	总共	zǒnggòng
total number	总数	zǒngshù
traditional Chinese calendar	农历	nónglì
traditional Chinese calendar	夏历	xiàlì
transformation	变换；变式	biànhuàn ; biànshì
transitivity	传递性	chuándìxìng
translation	平移	píngyí
translational symmetry, invariant under translation	平移对称	píngyí duìchèn
trapezoid, trapezium	梯形	tīxíng
trend, tendency	趋势	qūshì
triangle	三角形	sānjiǎoxíng
triangle inequality	三角形不等式	sānjiǎoxíng bùděngshì
triangular prism	三棱柱体	sānléngzhùtǐ
trigonometric function	三角函数	sānjiǎo hánshù
Tropic of Cancer	北回归线	běi huíguīxiàn
Tropic of Capricorn	南回归线	nán huíguīxiàn
true	真	zhēn
truncation	去尾法	qù wěi fǎ
turn around, around	围绕	wéirào
turn up, appear	出现	chūxiàn
unbounded	无界	wújiè
unfold (a solid)	展开	zhǎnkāi
union	并	bìng
union (set)	并集	bìngjí
unique	唯一	wéiyī
uniqueness quantifier	唯一量词	wéiyī liàngcí
unit of measurement	计量单位	jìliàng dānwèi
unite (combine)	结合	jiéhé
units digit place	个位	gèwèi
universal quantifier	全称量词	quánchēng liàngcí
unknown	未知数	wèizhīshù
unless	除非	chúfēi
unlimited, unbounded	无限	wúxiàn
upper bound	上界	shàngjiè
Uranus	天王星	tiānwángxīng
use	用法	yòngfǎ
value	值	zhí
variable	变量	biànliàng
variance	方差	fāngchā

vector	矢量	shǐliàng
vector	向量	xiàngliàng
Venus	金星	jīnxīng
vertex	顶点	dǐngdiǎn
vertex form	顶点形式	dǐngdiǎn xíngshì
vertical (in space)	竖	shù
vertical angles, opposite angles	对顶角	duìdǐng jiǎo
view as	看为	kànwéi
volume	体积	tǐjī
week	星期；礼拜；周	xīngqī; lǐbài; zhōu
weight	重量	zhòngliàng
weighted mean	加权平均数	jiāquán píngjūnshù
whatever	无论	wúlùn
when	当…时	dāng…shí
whether or not	是否	shìfǒu
width (of a geometric figure)	宽	kuān
width (range)	幅度	fúdù
Winter	冬天	dōngtiān
Winter Solstice	冬至	dōngzhì
with one unknown	一元	yī yuán
with replication	放回式	fànghuí shì
withdraw	退	tuì
without replacement	不放回式	bù fànghuí shì
write A as B	把 A 写成 B	bǎ A xiěchéng B
written calculation	笔算	bǐsuàn
x-axis	横轴	héngzhóu
Yang Hui's triangle	杨辉三角形	Yáng Huī sānjiǎoxíng
y-axis	纵轴	zòngzhóu
zero	零	líng
zhàng (length unit)	丈	zhàng

18-3 French-Chinese

18-3 Français-chinois

18-3 法汉

Français	中文	Pinyin
500 g (unité de poids)	斤	jīn
50 g (unité de poids)	两	liǎng
1er mois du calendrier chinois traditionnel	正月	zhēngyuè
abstraction	抽象化	chōuxiànghuà
abstrait	抽象	chōuxiàng
action, effet	作用	zuòyòng
addition (opération)	加法	jiāfǎ
additionner; s'additionner	加; 相加	jiā; xiāngjiā
afficher	显示	xiǎnshì
agrandir	放大	fàngdà
aire	面积	miànjī
aléatoire	随机	suíjī
algèbre	代数	dàishù
algorithme	算法	suànfǎ
alignés	共线	gòngxiàn
alors	那么	nàme
amplitude	振幅	zhènfú
analyse	数学分析	shùxué fēnxī
angle	角	jiǎo
angle (formé par deux droites)	夹角	jiájiǎo
angle aigu	锐角	ruìjiǎo
angle au centre	圆心角	yuánxīn jiǎo
angle droit	直角	zhíjiǎo
angle inscrit	圆周角	yuánzhōu jiǎo
angle obtus	钝角	dùnjiǎo
angle plat	平角	píngjiǎo
angles adjacents	相邻角	xiānglín jiǎo
angles alternes-externes	外错角	wài cuò jiǎo
angles alternes-internes	内错角	nèi cuò jiǎo
angles complémentaires	余角	yújiǎo

angles correspondants	同位角	tóngwèi jiǎo
angles externes du même côté	同旁外角	tóngpáng wài jiǎo
angles internes du même côté	同旁内角	tóngpáng nèi jiǎo
angles opposés par le sommet	对顶角	duìdǐng jiǎo
angles supplémentaires	补角	bǔjiǎo
année bissextile	闰年	rùnnián
année solaire	回归年	huíguī nián
année-lumière	光年	guāngnián
antécédent	原象	yuánxiàng
aplati	扁	biǎn
aplatissement	扁率	biǎnlǜ
apparaître	出现	chūxiàn
appartenir à	属于	shǔyú
application	映射	yìngshè
approcher; s'approcher de	接近/趋近；趋于	jiējìn/ qūjìn; qūyú
appeler, s'appeler	叫做；称为	jiàozuò ; chēngwéi
après J.-C.	公元	gōngyuán
arabe	阿拉伯	ālābó
arc	弧	hú
arête	棱	léng
argument	辐角	fújiǎo
arithmétique	算术	suànshù
arrondi à la valeur supérieure	进一法	jìn yī fǎ
arrondi au plus proche	四舍五入法	sì shě wǔ rù fǎ
associativité	结合律	jiéhé lǜ
astéroïde	小行星	xiǎoxíngxīng
astronomie	天文	tiānwén
atteindre	取得	qǔdé
au moins	至少	zhìshǎo
au-dessous de zéro (température)	零下	língxià
augmenter	增加	zēngjiā
automne	秋天	qiūtiān
autour de	绕；围着	rào; wéizhe
autre (défini)	另一	lìngyī
avant l'ère commune, avant J.-C.	公元前	gōngyuánqián
avoir, posséder	具有	jùyǒu
axe de rotation	自转轴	zìzhuàn zhóu

axe de symétrie	对称轴	duìchèn zhóu
axe des abscisses	横轴	héngzhóu
axe des ordonnées	纵轴	zòngzhóu
axe imaginaire	虚轴	xūzhóu
axe réel	实轴	shízhóu
axiome	公理	gōnglǐ
barreau	档	dàng
base	底	dǐ
base (côté)	底边	dǐbiān
base (face)	底面	dǐmiàn
base (nombre)	底数	dǐshù
bâton	棍子	gùnzi
bâtonnets de calcul	算筹	suànchóu
Bernoulli	伯努利	Bónǔlì
bidimensionnel	二维	èrwéi
bijection	双射	shuāngshè
bissectrice	角平分线	jiǎopíngfēnxiàn
bit	位元	wèiyuán
biunivoque	一对一	yīduìyī
borné	有界	yǒu jiè
borne inférieure	最大下界	zuì dà xiàjiè
borne supérieure	最小上界	zuì xiǎo shàngjiè
boule	球体	qiútǐ
boulier	算盘	suànpán
branche (domaine)	分支	fēnzhī
branche terrestre	地支	dìzhī
c'est-à-dire	也就是说; 即	yě jiù shì shuō ; jí
calcul au boulier	珠算	zhūsuàn
calcul avec des bâtonnets	筹算	chóusuàn
calcul différentiel et intégral	微积分	wēijīfēn
calcul écrit, calcul posé	笔算	bǐsuàn
calcul mental	心算	xīnsuàn
calculer	计算	jìsuàn
calendrier	日历	rìlì
calendrier grégorien	公历	gōnglì
calendrier lunaire	阴历	yīnlì
calendrier luni-solaire	阴阳历	yīnyánglì
calendrier solaire	阳历	yánglì
calendrier traditionnel chinois	农历	nónglì

calendrier traditionnel chinois	夏历	xiàlì
capacité	容积	róngjī
caractéristique	特征	tèzhēng
caractéristique, propriété	性质	xìngzhì
cardinal	基数	jīshù
carré (puissance deux)	平方	píngfāng
carré (figure géométrique)	正方形	zhèngfāngxíng
cas	特殊情况	tèshū qíngkuàng
casser	破	pò
cellule	单元格	dānyuán gé
centième d'unité monétaire	分	fēn
centre (cercle, disque)	圆心	yuánxīn
centre de gravité	重心	zhòngxīn
centre de symétrie	对称中心	duìchèn zhōngxīn
centre du cercle circonscrit	外心	wàixīn
centre du cercle inscrit	内心	nèixīn
cercle	圈	quān
cercle circonscrit	外接圆	wàijiēyuán
cercle inscrit	内切圆	nèiqiēyuán
cercle, circonférence	圆周	yuánzhōu
cercle, disque	圆	yuán
changement	变化	biànhuà
changer	变；改变	biàn ; gǎibiàn
chercher, demander	求	qiú
chǐ (unité de longueur)	尺	chǐ
chiffre	数字	shùzì
chiffres à droite d'une position donnée	尾数	wěishù
circuler selon un cycle	循环	xúnhuán
classe	阶段	jiēduàn
classificateur	量词	liàngcí
classification	分类	fēnlèi
coefficient	系数	xìshù
coefficient binomial	二项式系数	èrxiàngshì xìshù
coincé entre	夹在	jiāzài
colonne	列	liè
combinaison	组合	zǔhé
combiner, unir	结合	jiéhé
comète	彗星	huìxīng
comment	如何	rúhé

commun	公共	gōnggòng
commutativité	交换律	jiāohuàn lǜ
comparer	比较	bǐjiào
compas	圆规	yuánguī
complémentaire	对立	duìlì
complet	满	mǎn
compléter	补	bǔ
composé de…	由…组成	yóu… zǔchéng
composer	组成	zǔchéng
composition	复合	fùhé
compter	数	shǔ
concavité	凹凸性	āotūxìng
concept	概念	gàiniàn
condition	条件	tiáojiàn
condition nécessaire	必要条件	bìyào tiáojiàn
condition suffisante	充分条件	chōngfèn tiáojiàn
cône	圆锥体	yuánzhuītǐ
cône droit	直圆锥体	zhí yuánzhuītǐ
cône oblique	斜圆锥体	xié yuánzhuītǐ
cône, pyramide	锥体	zhuītǐ
conique	圆锥曲线	yuán zhuī qūxiàn
conjecture	猜想	cāixiǎng
connu	已知	yǐzhī
consécutif	连续	liánxù
conséquence	结论	jiélùn
considérer comme	看为	kànwéi
constant	不变	búbiàn
constante	常数	chángshù
contenir	含；包含；容纳	hán ; bāohán ; róngnà
contenu dans	含于；包含于	hán yú , bāohányú
continu	连续型	liánxùxíng
continuité	连续性	liánxùxìng
contracter, se contracter	收缩	shōusuō
contre-exemple	反例	fǎnlì
convergence	敛散性	liǎnsànxìng
converger vers	收敛于	shōuliǎn yú
conversion	换算	huànsuàn
coordonnée	坐标	zuòbiāo

coplanaires	共面	gòngmiàn
corde	弦	xián
corps céleste	天体	tiāntǐ
correspondance biunivoque	一一对应	yīyī duìyìng
correspondant à	所对	suǒduì
correspondre	对应	duìyìng
cosinus	余弦	yúxián
côté adjacent	邻边	línbiān
côté de l'angle droit	直角边	zhíjiǎobiān
côté extérieur	外侧	wàicè
côté opposé	对边	duìbiān
côté qui n'est pas une base	腰	yāo
coucher du soleil	日落	rìluò
couper, diviser	分割	fēngē
couper (figure)	截	jié
courbe	曲线	qūxiàn
couronne	环形	huánxíng
croître	增大	zēngdà
croître (suite)	递增	dìzēng
cube (puissance trois)	立方	lìfāng
cube (solide géométrique)	立方体；正方体	lìfāngtǐ ; zhèngfāngtǐ
cùn (unité de longueur)	寸	cùn
cycle de soixante termes	甲子	jiǎzǐ
cylindre de révolution	圆柱体	yuánzhùtǐ
cylindre droit, prisme droit	直柱体	zhí zhùtǐ
cylindre oblique, prisme oblique	斜柱体	xié zhùtǐ
cylindre, prisme	柱体	zhùtǐ
d'Ouest en Est	自西往东	zì xī wǎng dōng
dàn (unité de capacité)	石	dàn
de la sorte	这样	zhèyàng
de plus, en outre	而且	érqiě
de un vers plusieurs (correspondance)	一对多	yīduì duō
décalage	偏距	piānjù
décomposer	分解	fēnjiě
décrire	描述	miáoshù
décroître	减少	jiǎnshǎo
décroître (suite)	递减	dìjiǎn

déduction	演绎	yǎnyì
déduire	推导；推论	tuīdǎo ; tuīlùn
définition	定义	dìngyì
degré (puissance)	次数	cìshù
degré (mesure)	度	dù
degré, niveau	程度	chéngdù
demi-cercle	半圆	bànyuán
demi-droite	射线	shèxiàn
démontrer que	求证	qiúzhèng
démontrer, démonstration	证明	zhèngmíng
dénominateur	分母	fēnmǔ
densité	密度	mìdù
déplacement	位移	wèiyí
déplacer les termes	移项	yí xiàng
dérivabilité	可导性	kědǎoxìng
dérivation, calcul différentiel	微分	wēifēn
dérivée	导数	dǎoshù
dérivée seconde	二阶导数	èrjiē dǎoshù
dériver	求导	qiúdǎo
dernier mois du calendrier chinois	腊月	làyuè
dernier quartier de lune	下弦月	xià xián yuè
des deux côtés	两侧	liǎng cè
descendre	下降	xiàjiàng
désigner	是指	shì zhǐ
dessin en perspective	透视图	tòushì tú
déterminé	确定	quèdìng
deux	两	liǎng
développer (un produit, un solide)	展开	zhǎnkāi
diagonale	对角线	duìjiǎoxiàn
diagramme circulaire	扇形图	shànxíngtú
diamètre	直径	zhíjìng
différence	差	chā
différent	异	yì
dilater, se dilater	扩展	kuòzhǎn
directement	直接	zhíjiē
directement proportionnel	正比例	zhèng bǐlì
direction, orientation	方向	fāngxiàng
direction, tendance	趋向	qūxiàng

discriminant	判别式	pànbiéshì
dispersion	离散	lísàn
disque	圆盘	yuánpán
distance	距离	jùlí
distribuer	分配	fēnpèi
distribution normale	正态分布	zhèngtài fēnbù
distributivité	分配律	fēnpèi lǜ
dividende	被除数	bèi chú shù
diviser par	除以	chú yǐ
diviseur (d'une division)	除数	chúshù
diviseur (facteur commun)	约数	yuēshù
diviseur commun	公约数	gōngyuēshù
division	除法	chúfǎ
dixième d'unité monétaire	角；毛	jiǎo ; máo
document, fichier	文件	wénjiàn
dodécaèdre	十二面体	shíèrmiàntǐ
domaine	范围	fànwéi
donnée	数据	shùjù
dǒu (unité de capacité)	斗	dǒu
double entrée	双重	shuāngchóng
double hélice	双股螺旋	shuānggǔ luóxuán
droite	直线	zhíxiàn
droite d'Euler	欧拉线	Ōulā xiàn
droite des réels, droite réelle	实数轴	shíshù zhóu
droite qui relie (deux points)	连线	liánxiàn
droite tangente	切线	qiēxiàn
du premier degré à deux inconnues	二元一次	èr yuán yīcì
dynamique	动态	dòngtài
écart-type	标准差	biāozhǔnchā
échanger	交换	jiāohuàn
échantillon	样本	yàngběn
échec	失败	shībài
écliptique	黄道	huángdào
écrire A sous la forme B	把 A 写成 B	bǎ A xiěchéng B
effectif	频数	pínshù
effectif total	总数	zǒngshù
effectuer les quatre opérations	运算四则	yùnsuàn sì zé
effet	效果	xiàoguǒ
égal à	等于	děngyú

égalité	等式	děngshì
égaux	相等	xiāngděng
élément	元素	yuánsù
éliminer	舍去	shěqù
éliminer	消去	xiāoqù
éliminer les dénominateurs	去分母	qù fēnmǔ
éliminer les parenthèses	去括号	qù kuòhào
éliminer une inconnue	消元	xiāo yuán
ellipse	椭圆	tuǒyuán
en général	一般	yìbān
en suivant	沿着	yánzhe
ensemble	集合	jíhé
ensemble d'arrivé	陪域	péiyù
ensemble de définition	定义域	dìngyì yù
ensemble de nombres	数集	shùjí
ensemble vide	空集	kōngjí
entourer	围成	wéichéng
entre	中间	zhōngjiān
entrer (des données), injecter	输入	shūrù
environ	左右	zuǒyòu
équateur	赤道	chìdào
équation	方程	fāngchéng
équation d'inconnue x	关于 x 的方程	guānyú x de fāngchéng
équation du second degré	一元二次方程	yī yuán èr cì fāngchéng
équerre	三角尺	sānjiǎochǐ
équinoxe	昼夜评分点	zhòuyè píngfēn diǎn
équinoxe d'automne	秋分	qiūfēn
équinoxe de printemps	春分	chūnfēn
ère commune, après J.-C.	公元	gōngyuán
erreur d'approximation	误差	wùchā
erreur, différence	误差	wùchā
espace	空间	kōngjiān
espérance mathématique	期望值	qīwàng zhí
estimer	估计	gūjì
et	与	yǔ
et, de plus	且	qiě
établir	建立	jiànlì
étape	步骤	bùzhòu
été	夏天	xiàtiān

étendue, amplitude	幅度	fúdù
étendue (entre valeurs extrêmes)	极差	jíchā
étoile (astronomie)	恒星	héngxīng
être complémentaires	互余	hùyú
être confondus	重合	chónghé
être défini	有定义	yǒu dìngyì
être noté, se note	记作	jìzuò
être proportionnel	成比例	chéng bǐlì
être supplémentaires	互补	hùbǔ
être vrai	成立	chénglì
Euler	欧拉	Ōulā
événement	事件	shìjiàn
événement certain	确定事件	quèdìng shìjiàn
événement élémentaire, éventualité	基本事件	jīběn shìjiàn
événement impossible	不可能事件	bùkěnéng shìjiàn
événement incompatible	互斥事件	hùchì shìjiàn
événement indépendant	独立事件	dúlì shìjiàn
exact	正确	zhèngquè
exemple	例子	lìzi
exister	存在	cúnzài
expérience	试验	shìyàn
exponentiation	乘方	chéngfāng
exposant	指数	zhǐshù
expression	表达式	biǎodáshì
expression algébrique	代数式	dàishù shì
expression analytique	解析式	jiěxīshì
exprimer	表达	biǎodá
extérieur	外	wài
extraire la racine carrée	开平方	kāi píngfāng
extraire la racine cubique	开立方	kāi lìfāng
extrémité	端点	duāndiǎn
extremum global	最值	zuìzhí
extremum local	极值 jízhí	jízhí
face latérale	侧面	cèmiàn
facteur (nombre)	因数；因子	yīnshù; yīnzǐ
facteur commun	公因数	gōngyīnshù
factorielle	阶乘	jiēchéng

factoriser	公因数因式分解；因式分解	gōngyīnshù yīnshì fēnjiě; yīnshì fēnjiě
faire une figure	作图	zuò tú
faire, effectuer	进行	jìnxíng
faire (causatif)	使；使得	shǐ; shǐde
faux	假	jiǎ
feuille de calcul	试算表	shìsuànbiǎo
figure fermée	闭图	bìtú
figure géométrique	图形	túxíng
figure ouverte	开图	kāitú
fini	有限	yǒuxiàn
finir	尽	jìn
fixer, stipuler	规定	guīdìng
flèche	箭头	jiàntou
fluctuer, fluctuation	波动	bōdòng
fonction	函数	hánshù
fonction continue	连续函数	liánxù hánshù
fonction croissante	增函数	zēnghánshù
fonction de densité de probabilité	概率密度函数	gàilǜ mìdù hánshù
fonction décroissante	减函数	jiǎnhánshù
fonction dérivable	可导函数	kědǎo hánshù
fonction du premier degré, fonction affine	一次函数	yīcì hánshù
fonction du second degré	二次函数	èrcì hánshù
fonction exponentielle	指数函数	zhǐshù hánshù
fonction impaire	奇函数	jī hánshù
fonction inverse	反比例函数	fǎnbǐlì hánshù
fonction linéaire	正比例函数	zhèngbǐlì hánshù
fonction logarithmique	对数函数	duìshù hánshù
fonction paire	偶函数	ǒu hánshù
fonction périodique	周期函数	zhōuqī hánshù
fonction puissance	幂函数	mì hánshù
fonction réciproque	反函数	fǎnhánshù
fonction trigonométrique	三角函数	sānjiǎo hánshù
force	力	lì
forcément	一定	yīdìng
forme	形状	xíngzhuàng
forme canonique	顶点形式	dǐngdiǎn xíngshì
formé de…	由…构成	yóu… gòuchéng

formule	公式	gōngshì
formule	式子	shìzi
fraction	分数	fēnshù
fraction impropre	假分数	jiǎ fēnshù
fraction irréductible	最简分数	zuì jiǎn fēnshù
fraction propre	真分数	zhēn fēnshù
fréquence	频率	pínlǜ
fréquence angulaire	角频率	jiǎo pínlǜ
fréquence cumulée	累积频率	lěijī pínlǜ
frontière	边界	biānjiè
Gauss	高斯	Gāosī
gaz	气体	qìtǐ
généralisation	一般化	yìbānhuà
géométrie	几何	jǐhé
géométrie analytique	解析几何	jiěxījǐhé
géométrie analytique	坐标几何	zuòbiāo jǐhé
géométrie dans l'espace	空间几何	kōngjiān jǐhé
géométrie des solides	立体几何	lìtǐ jǐhé
géométrie différentielle	微分几何	wēifēn jǐhé
géométrie plane	平面几何	píngmiàn jǐhé
global	全局	quánjú
gōngqǐng (unité d'aire)	公顷	gōngqǐng
gramme	克	kè
grand cercle	大圆	dà yuán
grandeur physique	物理量	wùlǐ liàng
Greenwich	格林威治	Gélínwēizhì
hauteur	高	gāo
hélice	螺旋	luóxuán
hémisphère Nord	北半球	běibànqiú
hémisphère Sud	南半球	nánbànqiú
heure	小时	xiǎoshí
hexaèdre	六面体	liùmiàntǐ
histogramme	频数分布直方图	pínshù fēnbù zhífāngtú
hiver	冬天	dōngtiān
homothétie	位似变换	wèisì biànhuàn
horizontal (dans l'espace ou un plan)	横	héng
horloge	钟	zhōng
hyperbole	双曲线	shuāngqūxiàn

hypoténuse	斜边	xiébiān
hypothèse, conjecture	假设	jiǎshè
icosaèdre	二十面体	èrshímiàntǐ
identique	同	tóng
identité (égalité)	恒等式	héng děngshì
identité (transformation)	恒同变换	héngtóng biànhuàn
image	象	xiàng
image de l'ensemble de définition	值域	zhíyù
impair (nombre), impaire (fonction)	奇	jī
implication	蕴含	yùnhán
inclure	包括	bāokuò
incompatible	不相容	bùxiāngróng
inconnue	未知数	wèizhīshù
inconnue (à une)	一元	yī yuán
inégalité	不等式	bùděngshì
inégalité triangulaire	三角形不等式	sānjiǎoxíng bùděngshì
inférer, induction	归纳	guīnà
infini, illimité	无限	wúxiàn
information	信息	xìnxī
initialement	原来	yuánlái
injection	单射	dānshè
instruction	指令	zhǐlìng
instrument	仪器	yíqì
intégrale	定积分	dìng jīfēn
intégrale, intégration, intégrer, calcul intégral	积分	jīfēn
intérieur	内；内部	nèi; nèibù
international	国际	guójì
intersection	交	jiāo
intersection	交集	jiāojí
intervalle	区间	qūjiān
intervalle de confiance	置信区间	zhìxìn qūjiān
intervalle fermé	闭区间	bì qūjiān
intervalle interquartile	四分位距	sìfēnwèijù
intervalle ouvert	开区间	kāi qūjiān
invariance par translation, invariant par translation	平移对称	píngyí duìchèn
inverse	倒数	dàoshù

inversement	相反地	xiāngfǎnde
inversement proportionnel	反比例	fǎnbǐlì
jour	天；日；日子	tiān; rì; rìzi
jour (de)	白天	báitiān
jour et nuit	昼夜	zhòuyè
Jupiter	木星	mùxīng
kilogramme	公斤；千克	gōngjīn; qiānkè
kilomètre	公里	gōnglǐ
km/h	公里每小时；千米每小时	gōnglǐ měi xiǎoshí; qiānmǐ měi xiǎoshí
lancer	投掷 i	tóuzhì
langue	语言	yǔyán
largeur	宽	kuān
latitude	纬度	wěidù
lecture, prononciation	读法	dúfǎ
les deux côté	两边	liǎngbiān
les quatre opérations	四则运算	sì zé yùnsuàn
les quatre saisons	四季	sìjì
lettre, alphabet	字母	zìmǔ
lever du soleil	日出	rìchū
lǐ (unité de longueur)	里	lǐ
lieu	处	chù
ligne (page, tableau)	行	háng
ligne (objet géométrique)	线	xiàn
ligne brisée	折线	zhéxiàn
ligne d'intersection	截线	jiéxiàn
ligne d'intersection	截线	jiéxiàn
limite (borne)	界限	jièxiàn
limite (tendance)	极限	jíxiàn
lire	读	dú
liste	列表	lièbiǎo
litre	升	shēng
local	局部	júbù
logiciel	软件	ruǎnjiàn
logique	逻辑	luóji
loi	律	lǜ
loi binomiale	二项分布	èrxiàng fēnbù
loi de Bernoulli	伯努利分布	Bónǔlì fēnbù
loi de probabilité	概率分布	gàilǜ fēnbù

loi, règle	法则	fǎzé
longitude	经度	jīngdù
longitude and latitude	经纬度	jīngwěi dù
longueur	长度	chángdù
losange	菱形	língxíng
lumière du Soleil	日光	rìguāng
Lune	月亮；月球	yuèliang; yuèqiú
majorant	上界	shàngjiè
Mars	火星	huǒxīng
masse	质量	zhìliàng
matériel informatique	硬件	yìngjiàn
mathématiques	数学	shùxué
matière	物质	wùzhì
maximum global	最大值	zuìdàzhí
maximum local	极大值	jídàzhí
médiane (nombre)	中位数	zhōngwèishù
médiane (ligne)	中线	zhōngxiàn
médiatrice	垂直平分线	chuízhí píngfēn xiàn
même côté	同旁	tóngpáng
Mercure	水星	shuǐxīng
méridien	子午线；经线	zǐwǔxiàn ; jīngxiàn
méridien origine	本初子午线	běnchūzǐwǔxiàn
mesure	测量	cèliáng
mesure d'angle	角度	jiǎodù
mesurer	量	liáng
méthode	方法	fāngfǎ
méthode de combinaison linéaire	加减法	jiājiǎn fǎ
méthode par substitution	代入法	dàirù fǎ
mètre	米	mǐ
mile	英里	yīnglǐ
milieu	中点	zhōngdiǎn
mille nautique	海里	hǎilǐ
mille/h ou km/h	迈	mài
minimum global	最小值	zuìxiǎozhí
minimum local	极小值	jíxiǎozhí
minorant	下界	xià jiè
minuscule	微小	wēixiǎo
minute	分	fēn

mnémonique, comptine mnémonique	口诀	kǒujué
mode	众数	zhòngshù
modèle	模型	móxíng
modéliser, modélisation	建模	jiàn mó
mois intercalaire	闰月	rùnyuè
monotone	单调	dāndiào
monotonie	单调性	dāndiàoxìng
monter	上升	shàngshēng
moyenne	平均；平均数	píngjūn ; píngjūnshù
moyenne pondérée	加权平均数	jiāquán píngjūnshù
mǔ (unité d'aire)	亩	mǔ
multiple	倍数	bèishù
multiple commun	公倍数	gōngbèishù
multiplication	乘法	chéngfǎ
multiplier numérateur et dénominateur par un même entier	扩分	kuò fēn
mutuellement; être mutuellement	互相；互为	hùxiāng; hùwéi
nanotechnologie	纳米科技	nàmǐ kējì
négation (proposition)	否命题	fǒu mìngtí
Neptune	海王星	hǎiwángxīng
Newton	牛顿	Niúdùn
nier, négation	否定	fǒudìng
nombre	数	shù
nombre à trois chiffres	三位数	sānwèishù
nombre complexe	复数	fùshù
nombre d'Euler	欧拉数	Ōulā shù
nombre d'occurrences	次数	cìshù
nombre décimal	小数	xiǎoshù
nombre entier	整数	zhěngshù
nombre imaginaire pur	纯虚数	chún xūshù
nombre impair	奇数	jīshù
nombre irrationnel	无理数	wúlǐshù
nombre mixte	带分数	dài fēnshù
nombre naturel	自然数	zìránshù
nombre négatif	负数	fùshù
nombre pair	偶数	ǒushù
nombre positif	正数	zhèngshù

nombre premier	质数	zhìshù
nombre rationnel	有理数	yǒulǐshù
nombre réel	实数	shíshù
non	非	fēi
non borné	无界	wújiè
non nul	非零	fēi líng
non vide	非空	fēi kōng
norme, module	范数	fànshù
norme, module	模	mó
notation	记法	jìfǎ
notation numérique	记数	jìshù
notation positionnelle	位置制	wèizhi zhì
nouvelle lune	朔月	shuòyuè
nuit	黑夜	hēiyè
nuit (de)	夜里	yèlǐ
numérateur	分子	fēnzǐ
numéro	号码	hàomǎ
objet	对象	duìxiàng
octaèdre	八面体	bāmiàntǐ
octet	字节	zìjié
opération, effectuer	运算	yùnsuàn
opérations contraires	逆运算	nì yùnsuàn
orbite	轨道	guǐdào
ordinateur	电脑;计算机	diànnǎo; jìsuànjī
ordre	次序	cìxù
orientation (tendance)	倾向	qīngxiàng
orientation (sens direct)	正方向	zhèng fāngxiàng
origine	原点	yuándiǎn
orthocentre	垂心	chuíxīn
ou	或	huò
pair (nombre), paire (fonction)	偶	ǒu
par défaut	不足	bùzú
par excès	过剩	guòshèng
par exemple	比如	bǐrú
par rapport à	关于	guānyú
parabole	抛物线	pāowùxiàn
parallèle	平行	píngxíng
parallèle (latitude)	纬线	wěixiàn
parallélogramme	平行四边形	píngxíng sìbiānxíng

parenthèse	括号	kuòhào
parité	奇偶性	jīouxìng
partager ... en	把...分成	bǎ ... fēnchéng
partager en	分成	fēnchéng
partager en parts égales	平分	píngfēn
partager, découper	划分	huàfēn
particulier	特殊	tèshū
partie	部分	bùfēn
partie décimale	小数部分；零头	xiǎoshù bùfèn ; língtóu
partie entière	整数部分	zhěngshù bùfen
partie imaginaire	虚部	xūbù
partie réelle	实部	shíbù
passer au rang supérieur	进位	jìn wèi
passer par	过	guò
patron, développement	展开图	zhǎnkāi tú
pavé droit, parallélépipède rectangle	长方体	chángfāngtǐ
périmètre	周长	zhōucháng
période	周期	zhōuqī
période de deux heures	时辰	shíchén
période solaire	节气	jiéqi
périodique, périodicité	周期性	zhōuqīxìng
perle	珠子	zhūzi
permuter, permutation	置换	zhìhuàn
perpendiculaire	垂直	chuízhí
perpendiculaire à l'horizontale (dans un plan)	纵	zòng
phase	相位	xiàngwèi
phase à l'origine	初相	chūxiàng
phases de la lune	月相	yuèxiāng
phénomène	现象	xiànxiàng
pièce	零件	língjiàn
pièce de monnaie	硬币	yìngbì
plan complexe	复平面	fù píngmiàn
plan de l'écliptique	黄道面	huángdào miàn
planète	行星	xíngxīng
pleine lune	望月	wàngyuè
plier	折叠	zhédié
plier	对折	duìzhé

plus grand commun diviseur	最大公因数；最大公约数	zuìdà gōngyīnshù; zuìdà gōngyuēshù
plus grand que	大于	dàyú
plus petit commun multiple	最小公倍数	zuìxiǎo gōngbèishù
plus petit que	小于	xiǎoyú
Pluton	冥王星	míngwángxīng
poids	重量	zhòngliàng
point	点	diǎn
point d'application	作用点	zuòyòng diǎn
point d'extremum local	极值点	jízhídiǎn
point d'inflexion	拐点	guǎi diǎn
point d'intersection	交点	jiāodiǎn
point de tangence	切点	qiēdiǎn
point fixe	定点	dìngdiǎn
point séparateur décimal	小数点	xiǎoshù diǎn
pôle Nord	北极	běijí
pôle Sud	南极	nánjí
polyèdre	多面体	duōmiàntǐ
polygone	多边形	duōbiānxíng
polygone concave	凹多边形	āo duōbiānxíng
polygone convexe	凸多边形	tū duōbiānxíng
polynôme	多项式	duōxiàngshì
population complète	总体	zǒngtǐ
porter	带	dài
poser, définir	设	shè
position	位置	wèizhi
position vide	空位	kōngwèi
positions relatives	位置关系	wèizhi guānxi
pour	对于	duìyú
pourcentage	百分比	bǎifēnbǐ
poutre	梁	liáng
préfixe	词头	cítóu
premier et dernier (points)	首尾	shǒuwěi
premier quartier de lune	上弦月	shàngxián yuè
premier terme	首项	shǒuxiàng
prendre la racine	开方	kāi fāng
prendre une décision, prise de décision	决策	juécè
prendre une valeur	取值	qǔ zhí

primitive	原函数；不定积分	yuán hánshù; bùdìng jīfēn
printemps	春天	chūntiān
prisme	棱柱体	léngzhùtǐ
prisme triangulaire	三棱柱体	sānléngzhùtǐ
prix	价格	jiàgé
probabilité	概率	gàilǜ
probabilité, chance	几率	jīlǜ
processus	过程	guòchéng
proche	靠近	kàojìn
produit	积；积数；乘积	jī ; jīshù; chéngjī
produit scalaire	点积；数量积	diǎnjī; shùliàng jī
programme	程序	chéngxù
projection	射影	shèyǐng
prolonger	延长	yáncháng
proposition	命题	mìngtí
proposition contraposée	逆否命题	nìfǒu mìngtí
proposition initiale	原命题	yuán mìngtí
proposition réciproque	逆命题	nì mìngtí
propriété d'être borné	有界性	yǒujièxìng
pur	纯	chún
pyramide	棱锥体	léngzhuītǐ
pyramide régulière	正直棱锥体	zhèngzhí léngzhuītǐ
Pythagore	毕达哥拉斯	Bìdágēlāsī
quadrant	象限	xiàngxiàn
quadrilatère	四边形	sìbiānxíng
quand	当...时	dāng...shí
quantificateur d'unicité	唯一量词	wéiyī liàngcí
quantificateur existentiel	存在量词	cúnzài liàngcí
quantificateur universel	全称量词	quánchēng liàngcí
quantité	量；数量	liàng ; shùliàng
quartile	四位数	sìwèishù
quelconque	任何	rènhé
quelque soit	无论	wúlùn
quelque soit, quelconque, fixé	任意	rènyì
quotient	商	shāng
racine réelle	实根	shígēn
racine, solution	根	gēn

radical	根号	gēnhào
raison d'une suite arithmétique	公差	gōngchā
raison d'une suite géométrique	公比	gōngbǐ
raisonnement par contraposée	换质位法	huàn zhì wèi fǎ
raisonnement par disjonction de cas	穷举法；	qióng jǔ fǎ
raisonnement par exhaustion	完全归纳法	wánquán guīnàfǎ
raisonnement par l'absurde	反证法；归谬法	fǎn zhèng fǎ; guī miù fǎ
raisonnement par récurrence	数学归纳法	shùxué guīnàfǎ
raisonner, raisonnement	推理	tuīlǐ
rang d'un terme	项序数	xiàng xùshù
rang des centièmes	百分位	bǎifēnwèi
rang des dixièmes	十分位	shífēnwèi
rang des dizaines	十位	shíwèi
rang des unités	个位	gèwèi
rang numérique	数位	shùwèi
ranger	排列	páiliè
rapport	比	bǐ
rapporteur	量角器	liángjiǎoqì
rayon	半径	bànjìng
réciproque du théorème	逆定理	nì dìnglǐ
réciproquement	反之	fǎnzhī
rectangle	长方形；矩形	chángfāngxíng; jǔxíng
réduire	缩小	suōxiǎo
réduire au même dénominateur	通分	tōng fēn
réduire une fraction	约分	yuē fēn
règle (loi)	规则	guīzé
règle (instrument)	尺子	chǐzi
regrouper, réduire	合并	hébìng
régulier	正	zhèng
relation	关系	guānxi
relation de récurrence	递推公式	dìtuī gōngshì
relier	连接	liánjiē
remise/avec remise (tirage aléatoire)	放回式	fànghuí shì
rendre	还	huán
répartition, distribution	分布	fēnbù
repérage	定位	dìngwèi
repère	坐标系	zuòbiāoxì

repère (système de coordonnées)	坐标系	zuòbiāoxì
répéter	重复	chóngfù
réponse	答案	dáàn
représentation graphique	图像	túxiàng
représenter	占	zhàn
représenter, exprimer	表示	biǎoshì
résoudre, solution	解	jiě
respectivement	分别	fēnbié
reste	余数	yúshù
résultat	结果	jiéguǒ
retirer (tirage)	抽取	chōuqǔ
retirer (sur le boulier)	退	tuì
réunion (ensemble)	并集	bìngjí
révolution orbitale	公转	gōngzhuàn
rotation	自转	zìzhuàn
rotation, tourner	旋转	xuánzhuǎn
ruban de Möbius	莫比乌斯带	Mòbǐwūsī dài
saison	季节	jìjié
sans remise	不放回式	bù fànghuí shì
satellite	卫星	wèixīng
satisfaire	满足	mǎnzú
Saturne	土星	tǔxīng
sauf si	除非	chúfēi
sécant	相交	xiāngjiāo
second degré	二次	èr cì
seconde	秒	miǎo
secteur circulaire	扇形	shànxíng
segment	线段	xiànduàn
selon	按；按照	àn；ànzhào
semaine	星期；礼拜；周	xīngqī；lǐbài；zhōu
sens direct	顺时针方向	shùn shízhēn fāngxiàng
sens indirect	逆时针方向	nì shízhēn fāngxiàng
séparer	分割	fēngē
Sept Astres	七曜	qī yào
série statistique	数据组	shùjù zǔ
si	如果	rúguǒ
si et seulement si	当且仅当	dāngqiějǐndāng
si oui ou non	是否	shìfǒu
si…, alors…	若…，则…	ruò…，zé…

siècle	世纪	shìjì
signe d'addition	加号	jiāhào
signe de la division	除号	chúhào
signe de multiplication	乘号	chénghào
signe de soustraction	减号	jiǎnhào
signe égal	等号	děnghào
signe moins	负号	fùhào
signifier	意味着；作为	yìwèizhe ; zuòwéi
similitude	相似变换	xiāngsì biànhuàn
simplifier	化简	huàjiǎn
simuler	模拟	mónǐ
sinon	否则	fǒuzé
sinus	正弦	zhèngxián
sinusoïde	正弦曲线	zhèngxián qūxiàn
Soleil	太阳	tàiyáng
solide de révolution	旋转体	xuánzhuǎntǐ
solstice	至点	zhìdiǎn
solstice d'été	夏至	xiàzhì
solstice d'hiver	冬至	dōngzhì
somme	和	hé
somme des angles extérieurs	外角和	wàijiǎo hé
somme des angles intérieurs	内角和	nèijiǎo hé
sommet	顶点	dǐngdiǎn
sortie	输出	shūchū
sous-ensemble	子集	zǐjí
soustraction (opération)	减法	jiǎnfǎ
soustraire; se soustraire mutuellement	减；相减	jiǎn; xiāngjiǎn
sphère (surface)	球面	qiúmiàn
sphère, boule	球	qiú
spirale	螺线	luóxiàn
statistiques	统计	tǒngjì
stricte	严格	yángé
substituer	代入	dàirù
succès	成功	chénggōng
succession	顺序	shùnxù
suite alternée	交错数列	jiāocuò shùliè
suite arithmétique	等差数列	děngchā shùliè
suite constante	常数列	chángshùliè
suite convergente	收敛数列	shōuliǎn shùliè

suite croissante	递增数列	dìzēng shùliè
suite de nombre	数列	shùliè
suite décroissante	递减数列	dìjiǎn shùliè
suite divergente	发散数列	fāsàn shùliè
suite géométrique	等比数列	děngbǐshùliè
suite oscillante	摆动数列	bǎidòng shùliè
suite périodique	周期数列	zhōuqī shùliè
suivant	随着	suízhe
sujet, problème	问题	wèntí
surface	表面	biǎomiàn
surface courbe	曲面	qūmiàn
surface plane, plan	平面	píngmiàn
surface, face	面	miàn
surjection	满射	mǎnshè
symbole	符号	fúhào
symétrie (propriété)	对称性	duìchènxìng
symétrie (transformation), symétrique	对称	duìchèn
symétrie axiale	轴对称	zhóu duìchèn
symétrie centrale	中心对称	zhōngxīn duìchèn
système	体系	tǐxì
système binaire	二进制	èrjìnzhì
système d'équations	方程组	fāngchéngzǔ
système de calendrier	历法	lìfǎ
système décimal	十进制	shíjìnzhì
système duodécimal	十二进制	shíèr jìnzhì
système sexagésimal	六十进制	liùshíjìnzhì
système solaire	太阳系	tàiyángxì
table de multiplication	九九口诀	jiǔ jiǔ kǒujué
tableau	表格	biǎogé
tableur	电子表格	diànzǐ biǎogé
taille, grandeur	大小	dàxiǎo
tangent	相切	xiāngqiē
tangente (fonction trigonométrique)	正切	zhèngqiē
taux de variation	变化率	biànhuà lǜ
taux, rapport	率	lǜ
température	温度	wēndù
temps	时间	shíjiān
tendance	趋势	qūshì

tendance centrale	中心趋势	zhōngxīn qūshì
terme	项	xiàng
terme général	通项公式	tōngxiàng gōngshì
termes du même degré d'une même variable	同类项	tónglèi xiàng
Terre	地球	dìqiú
tétraèdre	四面体	sìmiàntǐ
théorème	定理	dìnglǐ
théorème de Pythagore	勾股定理	gōugǔ dìnglǐ
théorème des bornes	极值定理	jízhí dìnglǐ
théorème des valeurs intermédiaires	介值定理	jièzhí dìnglǐ
tige céleste	天干	tiāngān
tirage, échantillonnage	抽样	chōuyàng
tonne	吨	dūn
tore	环面	huánmiàn
total	总共	zǒnggòng
toujours	永远	yǒngyuǎn
tour	周	zhōu
tourner	转动	zhuǎndòng
tourner autour de, autour de	围绕	wéirào
tous les	所有	suǒyǒu
transformation	变换；变式	biànhuàn; biànshì
transitivité	传递性	chuándìxìng
translation	平移	píngyí
trapèze	梯形	tīxíng
triangle	三角形	sānjiǎoxíng
triangle acutangle	锐角三角形	ruìjiǎo sānjiǎoxíng
triangle de Pascal	帕斯卡三角形	Pàsīkǎ sānjiǎoxíng
triangle de Yang Hui	杨辉三角形	Yáng Huī sānjiǎoxíng
triangle équilatéral	等边三角形	děngbiān sānjiǎoxíng
triangle isocèle	等腰三角形	děngyāo sānjiǎoxíng
triangle obtusangle	钝角三角形	dùnjiǎo sānjiǎoxíng
triangle rectangle	直角三角形	zhíjiǎo sānjiǎoxíng
triangle scalène	不等边三角形	bùděngbiān sānjiǎoxíng
tridimensionnel	立体	lìtǐ
tridimensionnel	三维	sān wéi
tronc de cône	圆台	yuántái
tronc de pyramide	棱台	léngtái
troncature	去尾法	qù wěi fǎ

tropique du cancer	北回归线	běi huíguīxiàn
tropique du capricorne	南回归线	nán huíguīxiàn
un certain	某	mǒu
un demi	一半	yībàn
un et un seul (existence)	有且只有	yǒu qiě zhǐ yǒu
unique	唯一	wéiyī
unité de longueur	单位长度	dānwèi chángdù
unité de mesure	计量单位	jìliàng dānwèi
unité imaginaire	虚数单位	xūshù dānwèi
unité monétaire	元；块	yuán; kuài
Uranus	天王星	tiānwángxīng
usage	用法	yòngfǎ
valeur	值	zhí
valeur absolue	绝对值	juéduì zhí
valeur approchée	近似值	jìnsì zhí
valeur exacte	精确值	jīngquè zhí
valeur initiale	初值	chū zhí
variable	变量	biànliàng
variable aléatoire	随机变量	suíjī biànliàng
variable libre	自变量	zìbiànliàng
variable liée	因变量	yīnbiànliàng
variance	方差	fāngchā
variations	增减性	zēngjiǎnxìng
vecteur	矢量；向量	shǐliàng ; xiàngliàng
Vénus	金星	jīnxīng
vertical (dans l'espace)	竖	shù
vitesse	速度	sùdù
voisinage	邻域	línyù
volume	体积	tǐjī
vrai	真	zhēn
zéro	零	líng
zhàng (unité de longueur)	丈	zhàng

19. Mathematical symbols

19. Symboles mathématiques

19. 数学符号

符号	名称	例子	读法
=	等号	$x = y$	x 等于 y
≈	约等号	$x ≈ y$	x 约等于 y
≡	恒等号	$x ≡ y$	x 恒等于 y
≠	不等号	$x ≠ y$	x 不等于 y
<	严格不等号	$x < y$	x 小于 y
>		$x > y$	x 大于 y
≤	不等号	$x ≤ y$	x 小于等于 y
≥		$x ≥ y$	x 大于等于 y
+	加号	$x + y$	x 加 y
+	正号	+3	正 3
−	减号	$x − y$	x 减 y
−	负号	−3	负 3
±	正负号	±3	正负 3
×	乘号	$x × y$	x 乘以 y
÷	除号	$x ÷ y$	x 除以 y

符号	名称	示例	说明
/	除号	x/y	x 除以 y
%	百分号	25%	百分之 25
‰	千分号	1‰	千分之 1
√	根号	$\sqrt{x}$	x 的平方根，根号 x
| |	绝对值号	$\|x\|$	x 的绝对值
|| ||	范数号	$\|\|x\|\|$	x 的范数，x 的长度
!	阶乘号	$n!$	n 的阶乘
⇒	实质蕴含号	$A \Rightarrow B$	A 推导出 B，若 A 则 B
⇔	实质等价号	$A \Leftrightarrow B$	A 当且仅当 B
∵	因为号	$\because A$	因为 A
∴	所以号	$\therefore B$	所以 B
¬	逻辑非号	$\neg A, \bar{A}$	非 A，不 A
∧	逻辑与号	$A \wedge B$	A 与 B
∨	逻辑或号	$A \vee B$	A 或 B
∀	全称量词	$\forall x$	对于所有 x，对任意 x
∃	存在量词	$\exists x$	存在 x
∃!	唯一量词	$\exists! x$	存在唯一 x
:=	定义号	$x := y$	x 定义为 y
{... : ...}	集合构造记号	$\{x : P(x)\}$	满足 $P(x)$ 的 x 的集合
∅	空集		
∈	属于号	$x \in S$	x 属于 S
∉	不属于号	$x \notin S$	X 不属于 S
⊂	子集号	$A \subset B$	A 是 B 的子集
⊃	父集号	$A \supset B$	A 是 B 的父集
∪	并集号	$A \cup B$	A 和 B 的并集
∩	交集号	$A \cap B$	A 和 B 的交集

符号	名称	示例	说明
→	函数箭头	$X \to Y$	从 X 到 Y
$\mathbb{N}$	自然数集		ēn
$\mathbb{Z}$	整数集		zèi
$\mathbb{Q}$	有理数集		kiùr
$\mathbb{R}$	实数集		àr, ár
$\mathbb{C}$	复数集		sìyī
∞	无穷号		无穷
π	圆周率		pài
$\sum$	求和号	$\sum_{k=1}^{k=50} a_k$	a_k 从 $k=1$ 到 $k=50$ 的和
$\prod$	求积号	$\prod_{k=1}^{k=50} a_k$	a_k 从 $k=1$ 到 $k=50$ 的积
′	导数号	f'	f 的导数，f 撇
∂	偏导数号	$\partial f / \partial x$	f 关于 x 的偏导数
$\int$	积分号	$\int_a^b f(t)dt$	从 a 到 b 以 t 为变量的积分
lim	极限号	$\lim_{x \to x_0} f(x)$	函数 $f(x)$ 在 x_0 上的极限
		$\lim_{x \to +\infty} a_n$	数列 a_n 当 n 趋于正无穷的极限
$ln(x)$			以 e 为底数 x 的对数
$log_b(x)$			以 b 为底数 x 的对数
e^x			x 的指数函数
x^2			x 平方
x^3			x 立方
x^n			x 的 n 次方
$sin\ x$			x 的正弦

cos x			x 的余弦
tan x			x 的正切
⊥	垂直号	$d_1 \perp d_2$	d_1 垂直于 d_2，d_1 与 d_2 垂直
//	平行号	$d_1 // d_2$	d_1 平行于 d_2，d_1 与 d_2 平行
∠	角号	∠A	角 A
△	三角形号	△ABC	三角形 ABC
°	度号	37°	37 度
°C		37°C	37 摄氏度（Shè shì dù）

www.ingramcontent.com/pod-product-compliance
Lightning Source LLC
Chambersburg PA
CBHW052340220526
45465CB00003BA/891